Theorie

des

Schlick'schen Massen-Ausgleichs

bei mehrkurbeligen Dampfmaschinen

von

Professor Dr. Hermann Schubert
in Hamburg

Leipzig
G. J. Göschen'sche Verlagshandlung
1901

Spamersche Buchdruckerei, Leipzig.

Vorwort

Nicht immer lassen sich die Probleme, welche die Technik stellt, mathematisch so formulieren, dass die Methoden der reinen Mathematik anwendbar werden und zu Resultaten führen, welche für die Technik wichtig sind. Wohl aber ist dies bei dem Problem des Massen-Ausgleichs mehrkurbeliger Maschinen der Fall. Obwohl dieses Problem schon vielfach behandelt ist, am ausführlichsten wohl in Lorenz' „Dynamik der Kurbelgetriebe" (Leipzig 1900), so fehlte doch bisher eine genaue und allgemein gehaltene mathematische Diskussion der acht Grundgleichungen, auf welche das Problem führt. Nur eine solche Diskussion konnte die Entscheidung darüber bringen, in welchen Fällen ein angenäherter und in welchen ein völliger Ausgleich erreichbar ist.

Beispielsweise war für vierkurbelige Maschinen bisher noch nicht allgemein der wichtige Fall behandelt, welcher in der Mitte zwischen dem mit dem Schlickschen Patent verbundenen angenäherten und dem völligen Ausgleich liegt, und nach welchem die Maschinen der meisten in den letzten Jahren gebauten Schnelldampfer, z. B. auch die der „Deutschland", gebaut sind.

Zweitens war bisher noch nirgends bewiesen, dass bei fünf Kurbeln ein völliger Ausgleich auf keine andere Weise erreichbar ist, als dadurch, dass zweimal zwei Kurbelrichtungen parallel sind, die beiden verschiedenen Richtungen dabei einen Winkel von 120 Grad miteinander und auch mit der Richtung der fünften Kurbel bilden.

Drittens war bisher noch nirgends erörtert, in welcher Weise bei sechs Kurbeln, die sich bezüglich der Abstände, der Kurbelwinkel und der Gewichte symmetrisch verhalten, ein völliger Ausgleich erzielt werden und dennoch zugleich allen Anforderungen der Praxis vollständig Genüge geleistet werden kann.

Diese und andere Lücken in der auf den Massen-Ausgleich mehrkurbeliger Maschinen bezüglichen Litteratur kann nicht die graphische, sondern nur die streng mathematische Behandlung des Problems genügend ausfüllen. Deshalb glaubte der Verfasser, einem Bedürfnis der Maschinen-Technik abzuhelfen, wenn er im folgenden eine genaue mathematische Diskussion der Bedingungsgleichungen des Problems veröffentlicht. Da der Verfasser nur den Standpunkt der reinen Mathematik hierbei einnehmen wollte, so hat derselbe die Technik nur insofern berücksichtigt, als er die Anforderungen, welche die Praxis stellt, ohne sie technisch begründen zu wollen, hinnimmt (§ 3), um sie als gegebene Nebenbedingungen den auf den Massen-Ausgleich bezüglichen Bedingungsgleichungen hinzuzufügen und dadurch mit zu berücksichtigen.

Die Ableitungen der Resultate sind immer so gehalten, dass sie jeder verstehen kann, der sowohl die elementare Arithmetik und Algebra, wie auch die Trigonometrie beherrscht. Beispielsweise habe ich in § 13 die wichtige Relation zwischen den Kurbelwinkeln abgeleitet, ohne dabei die Theorie der Determinanten zu benutzen.

Hamburg, Mai 1901.

Hermann Schubert.

Inhalts-Verzeichnis

Erster Abschnitt: **Grundlagen.**

Zweiter Abschnitt: **Die Schlicksche Ausgleichung.**

(Verschwinden der primären vertikalen und der primären kippenden Kräfte.)

Dritter Abschnitt: **Völlige vertikale Ausgleichung.**

(Verschwinden der primären vertikalen und der sekundären vertikalen Kräfte.)

Vierter Abschnitt:
Die verbesserte Schlicksche Ausgleichung.

(Verschwinden der primären vertikalen, der primären kippenden und der sekundären vertikalen Kräfte.)

Fünfter Abschnitt: Die völlige Ausgleichung.

(Verschwinden der primären vertikalen, der primären kippenden, der sekundären vertikalen und der sekundären kippenden Kräfte.)

Sechster Abschnitt:
Die Verbreitung des Schlickschen Massen-Ausgleichs.

Erster Abschnitt.

Grundlagen.

§ 1. Aufstellung der acht Grundgleichungen.

Zum völligen Ausgleich der Massenwirkungen, die sich bei einer mehrkurbeligen Schiffsmaschine entwickeln, ist die Erfüllung von acht Gleichungen erforderlich, welche Herr Lorenz *) und der Verfasser **) unabhängig voneinander gefunden haben. Während jedoch Herr Lorenz die acht Gleichungen aus den Grundlagen der Dynamik, insbesondere dem d'Alembertschen Prinzip, mit Benutzung höherer Mathematik, ableitete ***), entwickelte sie der Verfasser, unter Anwendung von nur elementarer Mathematik, aus der Formel, welche

*) Herr H. Lorenz in seiner Abhandlung „Die Massenwirkungen am Kurbelgetriebe und ihre Ausgleichung bei den mehrkurbeligen Maschinen" (Zeitschrift des Vereins deutscher Ingenieure 1897, S. 998), dann in mehreren Abhandlungen der Schloemilchschen Zeitschrift für Mathematik und Physik, 1899. Diese Abhandlungen sind, mit vielen Vervollständigungen, neuerdings auch in Buchform erschienen (Teubner, 1901) unter dem Titel „Dynamik des Kurbelgetriebes". Weitere einschlägige Litteratur und eine historisch-kritische Besprechung der Arbeiten über Massen-Ausgleichung findet man in Herrn Heun's „Kinetischen Problemen der wissenschaftlichen Technik" im Jahresbericht der „Deutschen Mathematiker-Vereinigung" (IX 2).

**) Der Verfasser besitzt diese acht Gleichungen, seit er von Herrn Schlick mit dem Inhalt von dessen Patent (D. R. P. Nr. 80974) bekannt gemacht wurde. Er teilte dieselben, zusammen mit Herrn Lorenz, der Braunschweiger Versammlung der „Deutschen Mathematiker-Vereinigung" (1897) mit und veröffentlichte sie dann auch in den Mitteilungen der „Hamburger Mathematischen Gesellschaft" (Februar 1898).

***) Die Ableitung von Lorenz ist strenger, weil sie berücksichtigt, dass während einer Kurbelumdrehung die Geschwindigkeit v nicht konstant ist, sondern Zuwachs und Abnahme erhält. Doch führt die Ableitung aus der Radingerschen Formel auf dieselben acht Grundgleichungen wie die Lorenzsche Betrachtung.

Herr Radinger in seinem Buche „Über Dampfmaschinen mit hoher Kolbengeschwindigkeit“ (3. Auflage, Wien 1893) für den Massendruck aufgestellt und bewiesen hat. Diese Formel lautet:

$$(1) \qquad Q = \frac{Pv^2}{gR} \cdot \cos\omega + \frac{Pv^2}{gS} \cdot \cos 2\omega.$$

Hier bedeutet Q den Massendruck in der Richtung der Schubstange, P das Gewicht der hin und her gehenden Teile, v die Geschwindigkeit in der Peripherie der Kurbel, R den Kurbelradius, S die Länge der Schubstange, ω den Winkel, den der Kurbelradius in einem bestimmten Moment der Bewegung mit dem Kurbelradius in der Ruhelage bildet; endlich bedeutet g die Beschleunigung der Schwere an der Erdoberfläche. (Vergl. Fig. 1, wo $CB = R$, $AB = S$, $\sphericalangle BCA = \omega$ ist.)

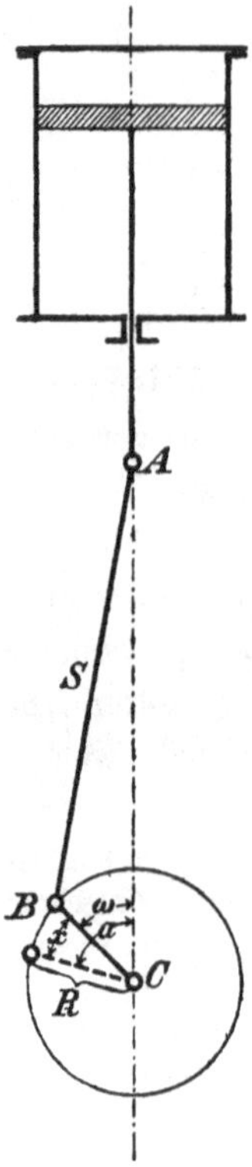

Fig. 1.

Der Kürze wegen setzen wir nun $\frac{Pv^2}{gR} = G$ und $\frac{S}{R} = m$. Dann erhalten wir:

$$(2) \qquad Q = G\cos\omega + \frac{G}{m}\cos 2\omega$$

und bemerken, dass bei konstant bleibendem v und R die eingeführte Grösse G dem Gewicht P proportional ist, so dass dann also das Verhältnis zweier Grössen G auch als Gewichtsverhältnis bezeichnet werden kann.

Es bezeichnet nun noch a den Winkel, den die Kurbel in der Ruhelage mit einer beliebig angenommenen Anfangsrichtung bildet, und x den Winkel, den die Kurbel in einem bestimmten Moment der Bewegung mit derselben Anfangsrichtung bildet. Dann ist $\omega = a - x$ oder gleich $x - a$. Beides führt übereinstimmend zu dem folgenden Ausdruck für den Massendruck Q:

$$(3) \qquad Q = G \cdot \cos(x - a) + \frac{G}{m} \cdot \cos(2x - 2a).$$

Sind nun n Cylinder zu einem einheitlichen System miteinander verbunden, so darf zunächst angenommen werden, dass die Grössen v, R, S, g und natürlich dann auch die Verhältniszahl m bei allen n Cylindern dieselben sind. Auch ist der Winkel x für alle Cylinder derselbe, wenn für alle n Kurbeln dieselbe Anfangsrichtung gewählt ist. Dagegen sind P und deshalb auch G, sowie der Winkel a und der Massendruck Q für alle n Cylinder im allgemeinen n verschiedene

Grössen, die wir durch die unten rechts angehängten Indices 1, 2, 3 ... bis n unterscheiden wollen. Die Gewichte der hin und her gehenden Teile verhalten sich daher bei den n Cylindern wie

$$G_1 \text{ zu } G_2 \text{ zu } G_3 \text{ u. s. w. bis } G_n,$$

und die Winkel, welche die zugehörigen n Kurbelrichtungen mit der gewählten Anfangsrichtung bilden, sind:

$$a_1, a_2, a_3, \text{ u. s. w. bis } a_n.$$

Die Massendruck-Kräfte

$$Q_1, Q_2, Q_3, \ldots \text{ bis } Q_n,$$

welche die n Cylinder liefern, sind einander parallel und liegen in einer und derselben Ebene. Doch sind diese Kräfte, ihrer Intensität nach, während einer Kurbelumdrehung fortwährend veränderlich, weil der Winkel x dabei alle Werte von 0 Grad bis 360 Grad durchläuft.

Es handelt sich nun zunächst darum, die Grösse, die Richtung und den Angriffspunkt der Resultante der n Druckkräfte $Q_1, Q_2, \ldots$ bis Q_n durch den veränderlichen Winkel x und die gegebenen konstanten Grössen $G_1, G_2, \ldots G_n, a_1, a_2, \ldots a_n$ und m auszudrücken. Da die n Kräfte parallel sind, so ist auch ihre Resultante dieser Richtung parallel, die wir als vertikal ansehen können. Wegen dieser Parallelität ist die Grösse T der Resultante gleich der Summe der Komponenten, also:

$$T = Q_1 + Q_2 + Q_3 + \ldots + Q_n. \tag{4}$$

Setzt man in diese Formel die sich aus (3) ergebenden Werte der Druckkräfte ein, so erhält man, nach Benutzung der Formel

$$\cos(a - \beta) = \cos a \cdot \cos \beta + \sin a \cdot \sin \beta,$$

den folgenden Ausdruck für die Resultante T:

$$\begin{aligned}
T = {} & (G_1 \cos x \cos a_1 + G_1 \sin x \sin a_1) \\
& \quad + \frac{1}{m}(G_1 \cos 2x \cos 2a_1 + G_1 \sin 2x \sin 2a_1) \\
& + (G_2 \cos x \cos a_2 + G_2 \sin x \sin a_2) \\
& \quad + \frac{1}{m}(G_2 \cos 2x \cos 2a_2 + G_2 \sin 2x \sin 2a_2) \\
& + \ldots\ldots\ldots\ldots\ldots\ldots \\
& + (G_n \cos x \cos a_n + G_n \sin x \sin a_n) \\
& \quad + \frac{1}{m}(G_n \cos 2x \cos 2a_n + G_n \sin 2x \sin 2a_n).
\end{aligned}$$

Fassen wir die Vielfachen von $\cos x$, von $\sin x$, von $\cos 2x$ und von $\sin 2x$ zusammen, so erhalten wir:

$$
\begin{aligned}
T = {} & \cos x\,(G_1 \cos a_1 + G_2 \cos a_2 + \dots + G_n \cos a_n) \\
& + \sin x\,(G_1 \sin a_1 + G_2 \sin a_2 + \dots + G_n \sin a_n) \\
& + \frac{1}{m} \cos 2x\,(G_1 \cos 2a_1 + G_2 \cos 2a_2 + \dots + G_n \cos 2a_n) \\
& + \frac{1}{m} \sin 2x\,(G_1 \sin 2a_1 + G_2 \sin 2a_2 + \dots + G_n \sin 2a_n).
\end{aligned} \tag{5}
$$

Damit nun die Druckkräfte $Q_1, Q_2, Q_3, \dots Q_n$ sich dauernd aufheben, muss zunächst einmal die Grösse T ihrer Resultante für jeden Winkel x zu Null werden. Es handelt sich also darum, herauszubringen, welche Bedingungen die vier Grössen v, v', w, w' erfüllen müssen, damit der Ausdruck:

$$T = \cos x \cdot v + \sin x \cdot v' + \cos 2x \cdot w + \sin 2x \cdot w'$$

für jede Grösse des Winkels x zu Null werde. Um diese Bedingung zu finden, überlegen wir, dass demgemäss T auch dann zu Null werden muss, wenn wir für x einsetzen:

$$180 - x,\ 180 + x,\ 360 - x.$$

So erhalten wir im ganzen vier Gleichungen, nämlich:

$$0 = +v \cos x + v' \sin x + w \cos 2x + w' \sin 2x. \tag{6}$$

$$0 = -v \cos x + v' \sin x + w \cos 2x - w' \sin 2x. \tag{7}$$

$$0 = -v \cos x - v' \sin x + w \cos 2x + w' \sin 2x. \tag{8}$$

$$0 = +v \cos x - v' \sin x + w \cos 2x - w' \sin 2x. \tag{9}$$

Addiert man nun diese vier Gleichungen (6) bis (9), so erhält man:

$$4w \cos 2x = 0.$$

Da diese Gleichung für alle Werte von x erfüllt sein muss, so muss $w = 0$ sein. Addiert man nun (6) und (7), so erhält man, da $w = 0$ schon bewiesen ist, auf dieselbe Weise, dass auch v' gleich Null sein muss. Addiert man dann (6) und (8), so erhält man ebenso $w' = 0$, und durch Einsetzen von $w = 0$, $v' = 0$, $w' = 0$ in irgend eine der vier Gleichungen, kommt auch $v = 0$. Wir sehen also, dass die Bedingung, der obige, für T erhaltene Ausdruck soll für alle Werte von x Null werden, nach sich zieht, dass die vier Koeffizienten

von $\cos x$, von $\sin x$, von $\cos 2x$ und von $\sin 2x$

einzeln zu Null werden. Umgekehrt erkennt man, dass die Nullsetzung der vier Koeffizienten die Grösse T immer verschwinden lässt, welchen Wert auch x haben mag. Demnach ergeben sich, für ein endliches m, aus Gleichung (5) vier Bedingungsgleichungen:

$$(10) \qquad G_1 \cos \ a_1 + G_2 \cos \ a_2 + \ldots = 0$$

$$(11) \qquad G_1 \sin \ a_1 + G_2 \sin \ a_2 + \ldots = 0$$

$$(12) \qquad G_1 \cos 2a_1 + G_2 \cos 2a_2 + \ldots = 0$$

$$(13) \qquad G_1 \sin 2a_1 + G_2 \sin 2a_2 + \ldots = 0.$$

Sind diese vier Gleichungen erfüllt, so ist die algebraische Summe der momentan vorhandenen Druckkräfte in jedem Augenblick der Drehung immer Null, oder, wie man meist sagt, die vertikalen Kräfte gleichen sich aus. Dies reicht aber zur Ausgleichung der Druckkräfte deshalb nicht aus, weil ja diese Kräfte an verschiedenen Punkten angreifen. Wenn an n verschiedenen Punkten einer Stange, senkrecht zur Richtung derselben, n in derselben Ebene liegende Kräfte wirken, so entsteht dadurch noch kein Gleichgewicht, dass die algebraische Summe der Kräfte Null ist, sondern es gehört noch die weitere Bedingung dazu, dass die Summe der Produkte der Kräfte mit ihren Abständen von einem auf der Stange beliebig gewählten Anfangspunkte auch zu Null werde; oder, wie man sagt, es muss nicht bloss die algebraische Summe der Kräfte, sondern auch die ihrer Momente zu Null werden, damit völliges Gleichgewicht herrsche. Um diese Bedingung in unserm Falle ausdrücken zu können, nehmen wir eine in der Ebene der n Cylinder liegende und mit ihnen parallele Richtung an, von wo aus wir die Entfernungen zählen. Die Entfernungen der n Cylinder von dieser Anfangsrichtung bezeichnen wir mit:

$$l_1, \ l_2, \ l_3, \ \ldots \ l_n.$$

Dann lautet die hinzutretende Momentengleichung:

$$(14) \qquad 0 = Q_1 l_1 + Q_2 l_2 + \ldots + Q_n l_n,$$

wo Q_1, $Q_2, \ldots,$ wie oben, die Druckkräfte bedeuten. Durch Einsetzen des in (3) gefundenen Ausdrucks in die Gleichung (14) und Wiederholung der obigen Betrachtungen erhalten wir nun vier neue Bedingungsgleichungen, die sich von den vier Gleichungen (10) bis (13) nur dadurch unterscheiden, dass $G_1 l_1$ statt G_1, $G_2 l_2$ statt G_2 u. s. w. gesetzt ist. Wir haben also den Gleichungen (10) bis (13) noch die folgenden vier Gleichungen hinzuzufügen:

$$(15) \qquad G_1 l_1 \cos \ a_1 + G_2 l_2 \cos \ a_2 + \ldots = 0$$

$$(16) \qquad G_1 l_1 \sin \ a_1 + G_2 l_2 \sin \ a_2 + \ldots = 0$$

$$(17) \qquad G_1 l_1 \cos 2a_1 + G_2 l_2 \cos 2a_2 + \ldots = 0$$

$$(18) \qquad G_1 l_1 \sin 2a_1 + G_2 l_2 \sin 2a_2 + \ldots = 0.$$

Sind auch diese vier Gleichungen erfüllt, so sind, wie man sagt, auch die kippenden Kräftepaare (tilting couples) ausgeglichen.

§ 2. Bedeutung der acht Grundgleichungen.

Die in § 1 aufgestellten acht Bedingungsgleichungen sind notwendig und hinreichend, um bei einer mehrkurbeligen Maschine die Massendruckkräfte dauernd auszugleichen. Diese acht Gleichungen bestehen zwischen den folgenden Grössen:

1. den Verhältnissen der Gewichte;
2. den Kurbelwinkeln;
3. den Verhältnissen der Abstände der Cylinder von einander.

Wenn die Maschine aus n Cylindern sich zusammensetzt, so stellen die Gewichtsverhältnisse im Wesentlichen $n - 1$ Grössen dar, nämlich etwa:

$$G_2 : G_1 , \quad G_3 : G_1 , \quad G_4 : G_1 , \ldots G_n : G_1 .$$

Was die Kurbelwinkel anbetrifft, so zeichnen wir dieselben am besten, wenn wir die Kurbelstellungen in der Ruhelage sämtlich auf eine allen Kurbelrichtungen parallele Ebene senkrecht projizieren. Dann erhalten wir in dieser Ebene n Strahlen, die von einem und demselben Punkte ausgehen, und den n Kurbelrichtungen parallel sind. In der Reihenfolge, wie diese n Strahlen im Sinne des Uhrzeigers aufeinander folgen, sollen auch die Kurbeln und die ihnen zugehörigen Cylinder numeriert werden, und zwar mit den Zahlen 1, 2, 3, ... bis n. Dann ist der Winkel, welchen die Kurbeln 1 und 2 zusammen bilden, gleich $a_2 - a_1$, der Winkel unter dem die Kurbeln 2 und 3 gerichtet sind, gleich $a_3 - a_2$ u. s. w., sodass das nebenstehende Kurbeldiagramm entsteht.

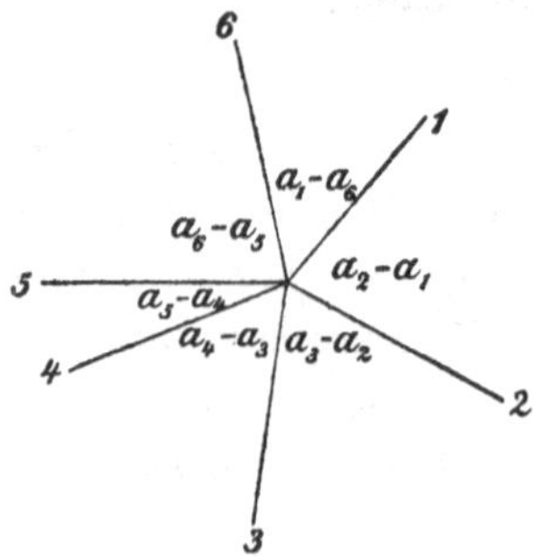

Fig. 2.

Da die Winkel um einen Punkt herum 360 Grad betragen, so stellen die Kurbelwinkel nur $n - 1$ wesentlich verschiedene Grössen dar.

Was die Stellung der Cylinder zu einander anbetrifft, so können wir dieselbe durch Punkte auf einer geraden Linie darstellen, indem wir jeden Punkt mit derselben Nummer bezeichnen, die der durch den Punkt bezeichnete Cylinder hat. Wenn dann z. B. Punkt 1 von Punkt 3 einundeinhalbmal so weit entfernt ist, als Punkt 3 von Punkt 4, so heisst dies, dass der mit 1 bezeichnete Cylinder von dem mit 3 bezeichneten Cylinder einundeinhalbmal soweit entfernt ist, als die Cylinder 3 und 4 von einander entfernt sind. Wir haben oben die Cylinder nach der Reihenfolge numeriert, die ihre Kurbeln im Kurbeldiagramm haben, bei welchem aufeinander folgende Richtungen auch durch aufeinander folgende Zahlen wiedergegeben werden. Hierdurch kommt es, dass auf der geraden Linie, auf welcher die Cylinder ihrer Stellung nach durch Punkte gekennzeichnet werden, zwei aufeinander folgende Punkte nicht notwendig durch aufeinander folgende Zahlen bezeichnet sind. Das Abstandsdiagramm kann also etwa so aussehen:

Fig 3.

Der Abstand zweier Punkte ist hiernach immer die Differenz derjenigen beiden l's, welche die Nummer der beiden Punkte als Indices haben. Das Abstandsdiagramm wollen wir immer auf einer horizontalen geraden Linie zeichnen und übereinkommen, dass wir die l's immer von einem auf der Verlängerung der geraden Linie nach links hin befindlichen Punkte aus zählen, sodass z. B. ein positives $l_3 - l_4$ bedeutet, dass Cylinder 3 rechts von Cylinder 4 steht, ein negatives $l_3 - l_4$ aber bedeutet, dass der Cylinder 3 links von Cylinder 4 steht. Hiernach ist z. B. bei Figur 3 die Grösse $l_3 - l_4$ gleich dem negativen Abstande der Cylinder 3 und 4 zu setzen. Da es sich bei dem Problem der Ausgleichung der Massendruckkräfte nicht um die Abstände selbst, sondern nur um das Verhältnis der Abstände handeln kann, so ergeben die n Cylinder durch ihre Abstandsverhältnisse $n - 2$ Grössen. So ist z. B. bei Figur 3, wo $n = 6$ gedacht ist, die Stellung der Cylinder zu einander genau gegeben, sobald die folgenden vier Abstandsverhältnisse bekannt sind:

$$\frac{l_1 - l_2}{l_1 - l_3}, \quad \frac{l_1 - l_2}{l_1 - l_4}, \quad \frac{l_1 - l_2}{l_1 - l_5}, \quad \frac{l_1 - l_2}{l_1 - l_6}.$$

Die acht Grundgleichungen, welche in § 1 aufgestellt sind, verbinden also bei n Cylindern miteinander:

1. $n - 1$ Gewichtsverhältnisse;
2. $n - 1$ Kurbelwinkel;
3. $n - 2$ Abstandsverhältnisse.

Dies sind zusammen $3n - 4$ Grössen, zwischen denen 8 Gleichungen bestehen, sodass also im allgemeinen $3n - 4 - 8$ oder $3n - 12$ Grössen willkürlich gewählt werden können, um die übrigen acht zu bestimmen. Da $3n - 12$ für $n = 4$ zu Null wird, so scheint es so, als ob sich schon bei vier Kurbeln die Gewichtsverhältnisse, die Kurbelwinkel und die Abstandsverhältnisse so bestimmen lassen, dass eine völlige

Ausgleichung der Massendruckkräfte erreicht wird.*) Dies ist jedoch nicht der Fall, weil die für $n = 4$ aus den acht Gleichungen resultierenden Lösungen mit praktischen Unmöglichkeiten (vgl. § 20) verknüpft sind.

In § 1 ist bei der Ableitung der acht Grundgleichungen das Verhältnis m der Schubstange zum Kurbelradius eingeführt. Wenn man nun annimmt, dass die Schubstange gegenüber dem Kurbelradius als unendlich lang angesehen werden kann, so wird der zweite Summand in Formel (2) gleich Null. Dadurch verschwinden dann in Formel (5) der dritte und vierte Summand, sodass von den vier Bedingungsgleichungen (10) bis (13) nur noch (10) und (11) übrig bleiben. Ebenso brauchen von den Gleichungen (15) bis (18) nur noch (15) und (16) erfüllt zu werden. Natürlich ist bei dieser Annahme die Ausgleichung der Massendruckkräfte nur angenähert. Sie ist trotzdem praktisch angewendet, und das Schlicksche Patent bezieht sich lediglich auf diese angenäherte Ausgleichung. Wir wollen dieselbe primäre Ausgleichung nennen. Die primäre Ausgleichung ist also erreicht, wenn die folgenden vier Gleichungen erfüllt werden:

$$(19) \qquad G_1 \cos a_1 + G_2 \cos a_2 + \ldots = 0$$
$$(20) \qquad G_1 \sin a_1 + G_2 \sin a_2 + \ldots = 0$$
$$(21) \qquad G_1 l_1 \cos a_1 + G_2 l_2 \cos a_2 + \ldots = 0$$
$$(22) \qquad G_1 l_1 \sin a_1 + G_2 l_2 \sin a_2 + \ldots = 0.$$

Und, damit die Ausgleichung vollständig sei, müssen ausserdem noch die folgenden vier Gleichungen erfüllt werden:

$$(23) \qquad G_1 \cos 2a_1 + G_2 \cos 2a_2 + \ldots = 0$$
$$(24) \qquad G_1 \sin 2a_1 + G_2 \sin 2a_2 + \ldots = 0$$
$$(25) \qquad G_1 l_1 \cos 2a_1 + G_2 l_2 \cos 2a_2 + \ldots = 0$$
$$(26) \qquad G_1 l_1 \sin 2a_1 + G_2 l_2 \sin 2a_2 + \ldots = 0.$$

Wir wollen diese Gleichungen (23) bis (26) die sekundären Gleichungen nennen, im Gegensatz zu den Gleichungen (19) bis (22), welche primäre heissen sollen. Da die alleinige Erfüllung der primären Gleichungen eine angenäherte Ausgleichung ergiebt, die alleinige Erfüllung der sekundären Gleichungen aber nicht, so hat es keinen

*) Dies glaubte Herr Lorenz in seiner Abhandlung, die in der „Zeitschrift des Vereins deutscher Ingenieure", 1897, S. 998 und 1026 erschienen ist. Bald darauf bewies der Verfasser auf der Braunschweiger Versammlung der „Deutschen Mathematiker-Vereinigung" (September 1897), dass eine völlige Ausgleichung bei Maschinen mit nur vier Kurbeln nicht erreichbar ist.

Sinn, die Gleichungen (23) bis (26) zu befriedigen, ohne zugleich die Gleichungen (19) bis (22) zu erfüllen.

Die Gleichungen (19), (20), (23), (24), welche von den auf die Abstände bezüglichen Strecken l frei sind, sollen **Kraftgleichungen** heissen, im Gegensatz zu den vier Gleichungen (21), (22), (25), (26), welche die Produkte der Gewichte mit den Strecken l enthalten, und deshalb **Momentgleichungen** heissen sollen. Hiernach zerfallen die acht Grundgleichungen in vier Gleichungspaare:

1. die beiden primären Kraftgleichungen (19) und (20);
2. die beiden primären Momentgleichungen (21) und (22);
3. die beiden sekundären Kraftgleichungen (23) und (24);
4. die beiden sekundären Momentgleichungen (25) und (26).

Schon oben ist hervorgehoben, dass die Befriedigung der sekundären Gleichungen sinnlos ist, wenn nicht zugleich die zugeordneten primären erfüllt sind. Ferner ist es auch sinnlos, Momentgleichungen zu erfüllen, wenn nicht zugleich die zugehörigen Kraftgleichungen erfüllt sind.*) Man kann sich dies aus den Grundlagen der Mechanik a priori klar machen, aber auch auf folgende Weise. Der Anfang, von wo aus die Strecken l gezählt werden, ist beliebig. Wir können daher auch den Anfang, von wo aus sie gezählt werden, um die endliche Strecke λ nach links rücken. Dann geht die Strecke l_1 in $l_1 + \lambda$, l_2 in $l_2 + \lambda$ u. s. w. über. Setzt man demgemäss $l_1 + \lambda$ statt l_1, $l_2 + \lambda$ statt l_2 u. s. w., so erhält man aus einer Momentgleichung eine neue Momentgleichung, die ebensogut richtig ist wie die alte. Subtrahiert man die alte von der neuen, so erhält man eine Gleichung, welche sich von der zugehörigen Kraftgleichung nur dadurch unterscheidet, dass die linke Seite mit λ multipliziert erscheint; und, da λ nicht Null ist, so ergiebt sich aus der als richtig vorausgesetzten Momentgleichung die Richtigkeit der zugehörigen Kraftgleichung. Beispielsweise entsteht (19) aus (21) auf folgende Weise: Es muss richtig sein:

$$G_1 (l_1 + \lambda) \cos a_1 + G_2 (l_2 + \lambda) \cos a_2 + \ldots = 0,$$

ebenso wie:

$$G_1 l_1 \cos a_1 + G_2 l_2 \cos a_2 + \ldots = 0.$$

Durch Subtraktion beider Gleichungen entsteht:

$$\lambda \cdot [G_1 \cos a_1 + G_2 \cos a_2 + \ldots] = 0,$$

woraus, da λ von Null verschieden sein soll, folgt:

*) Dies übersah Herr Dunkerley in der Diskussion zu dem Vortrag, den Herr Schlick in der 41. Sitzung der Institution of Naval Architects über den Ausgleich von Schiffsmaschinen im April 1900 gehalten hat.

$$G_1 \cos a_1 + G_2 \cos a_2 + \ldots = 0.$$

Nach dem Obigen erhalten wir stufenweise nur folgende Ausgleichs-Probleme:

1. Alleinige Erfüllung der beiden primären Kraftgleichungen (19) und (20). Dadurch verschwinden die vertikalen Kräfte bei unendlich lang gedachter Schubstange. Wir wollen diesen einfachsten Fall der Ausgleichung den Fall der primären vertikalen Ausgleichung nennen, und wegen seiner Einfachheit schon hier in diesem Abschnitt (§ 4) behandeln.

2. Alleinige Erfüllung der beiden primären Kraftgleichungen (19) und (20), sowie auch der beiden primären Momentgleichungen (21) und (22). Da das Schlicksche Patent*) sich allein auf diesen Fall bezieht, so wollen wir diesen Fall den der Schlickschen Ausgleichung nennen. Bei der Schlickschen Ausgleichung heben sich die primären Kräfte völlig auf, sowohl die vertikalen Kräfte, wie auch die kippenden Kräfte (Abschnitt II).

3. Alleinige Erfüllung der beiden primären Kraftgleichungen (19) und (20), sowie auch der beiden sekundären Kraftgleichungen (23) und (24). Da in diesem Falle die vertikalen Kräfte sich völlig aufheben, so wollen wir diesen Fall den Fall der völligen vertikalen Ausgleichung nennen. Bei der völligen vertikalen Ausgleichung heben sich die vertikalen Kräfte vollständig auf, die kippenden Kräfte jedoch gar nicht (Abschnitt III).

4. Alleinige Erfüllung der beiden primären Kraftgleichungen (19) und (20), der beiden primären Momentgleichungen (21) und (22), sowie der beiden sekundären Kraftgleichungen (23) und (24). In diesem Falle heben sich die primären Kräfte völlig auf, sowohl die vertikalen Kräfte, wie auch die kippenden Kräfte, dazu aber auch noch die sekundären vertikalen Kräfte. Dieser Fall vereinigt also die Vorteile der eigentlichen Schlickschen Ausgleichung mit den Vorteilen der völligen vertikalen Ausgleichung. Wir wollen ihn deshalb den Fall der verbesserten Schlickschen Ausgleichung nennen. Diese Ausgleichung besitzen die in den letzten Jahren nach Schlicks System

---

*) Das deutsche Reichspatent Nr. 80974, das am 10. November 1893 an Otto Schlick, Schiffsbau-Ingenieur in Hamburg, erteilt wurde, will die Massendruckkräfte dauernd zum Verschwinden bringen, die bei einer mehrkurbeligen Maschine entstehen, und zwar dadurch, dass die maassgebenden Gewichte, die Kurbelwinkel und die Abstände der Cylinder voneinander passend gewählt sind, immer vorausgesetzt, dass alle Kurbeln gleich lang sind. Beim „Patentanspruch" erwähnt Herr Schlick ausdrücklich am Schluss, dass dabei die Schubstange gegenüber dem Kurbelradius als unendlich lang anzusehen ist.

gebauten viercylindrigen Maschinen der grossen Schnelldampfer, z. B. die „Deutschland“ (Abschnitt IV und § 24).

5. Erfüllung aller acht Grundgleichungen, nämlich der primären Kraftgleichungen (19) und (20), der primären Momentgleichungen (21) und (22), der sekundären Kraftgleichungen (23) und (24) und der sekundären Momentgleichungen (25) und (26). Diese völlige Ausgleichung der vertikalen und der kippenden Kräfte ist, wie unten (§ 20) gezeigt werden wird, bei vier Cylindern nicht erreichbar und bei fünf Cylindern nur so, dass zweimal zwei Kurbeln parallel stehen (§ 21). Dagegen ist bei sechs oder mehr Cylindern die völlige Ausgleichung erreichbar, ohne dass zwei Kurbeln in gleichem oder entgegengesetztem Sinne parallel zu stehen brauchen. Ausserdem ist bei sechs oder mehr Cylindern auch Symmetrie in dreierlei Hinsicht erreichbar erstens bezüglich der Stellung der Kurbeln zu einander, zweitens bezüglich der Gewichte der hin und her gehenden Teile, drittens bezüglich der Abstände, die die Plätze, wo die Cylinder stehen, voneinander haben (Abschnitt V, § 23).

§ 3. Forderungen der Praxis.

Um den dauernden Ausgleich der während jeder Kurbelumdrehung veränderlichen Massendruckkräfte vollständig oder annäherungsweise zu ermöglichen, ist es notwendig, von den in § 1 und § 2 behandelten acht Grundgleichungen sämtliche oder mehrere zu befriedigen. Doch ist nicht jede mathematisch richtige Lösung der Gleichungen auch praktisch verwertbar. So muss z. B. die Praxis jede Lösung, bei welcher ein Gewichtsverhältnis gleich Null oder unendlich gross sein soll, als unbrauchbar verwerfen. Ebensowenig darf ein Abstandsverhältnis Null oder unendlich gross sein; denn dies hiesse, dass zwei von den Cylindern an einer und derselben Stelle stehen müssten; es können also niemals zwei von den in § 1 eingeführten Grössen l einander gleich sein. Ja, die Praxis muss sogar noch schärfere als die eben erwähnten Bedingungen stellen, damit der Ausgleich nicht bloss mathematisch, sondern auch praktisch möglich ist. Die acht Grundgleichungen verknüpfen drei Arten von Grössen, nämlich erstens die Gewichte, zweitens die Kurbelwinkel, drittens die Abstände der Cylinder voneinander. Dementsprechend ist in der Praxis auf dreierlei Rücksicht zu nehmen.

Erstens ist es wünschenswert, dass die Gewichte der hin und her gehenden Teile bei allen Cylindern dieselben oder wenigstens nicht allzu verschieden sind, d. h. jedes Gewichtsverhälnis muss entweder 1 sein oder wenigstens von 1 nicht gar zu sehr abweichen. Als äusserste praktisch noch mögliche Grenze der Gewichtsverhältnisse wollen wir 2 zu 3 festsetzen. Bezeichnet daher w irgend eins der Gewichtsverhältnisse, so muss jedes denkbare w die folgende Bedingungsungleichung erfüllen:

$$\frac{2}{3} < w < \frac{3}{2}.$$

Zweitens erfordert die Rücksicht auf die Gleichförmigkeit der Drehmomente, dass von den Kurbelrichtungen keine zwei in gleichem oder entgegengesetztem Sinne parallel sind, d. h. Winkel von 0 Grad oder 180 Grad miteinander bilden. Alle denkbaren Kurbelwinkel müssen also von 0 Grad und von 180 Grad verschieden sein.

Was drittens die Abstände anbetrifft, so bedingen die räumlichen Verhältnisse, dass die Abstände wenn auch nicht alle einander gleich, so doch nicht gar zu sehr voneinander verschieden sind. Als äusserste praktisch noch mögliche Grenze wollen wir 2 zu 5 festsetzen. Bezeichnet daher v irgend eins der Abstandsverhältnisse, so muss jedes denkbare v die folgende Bedingungsungleichung erfüllen:

$$\frac{2}{5} < v < \frac{5}{2}.$$

Zu diesen drei Forderungen der Praxis treten noch drei Bedingungen hinzu, deren Erfüllung zwar nicht notwendig, aber doch recht wünschenswert ist. Dies sind die Bedingungen der Symmetrie. Die Symmetrie kann sich auf jede der drei eingeführten Grössenarten beziehen, auf die Gewichtsverhältnisse, auf die Kurbelwinkel und auf die Abstandsverhältnisse.

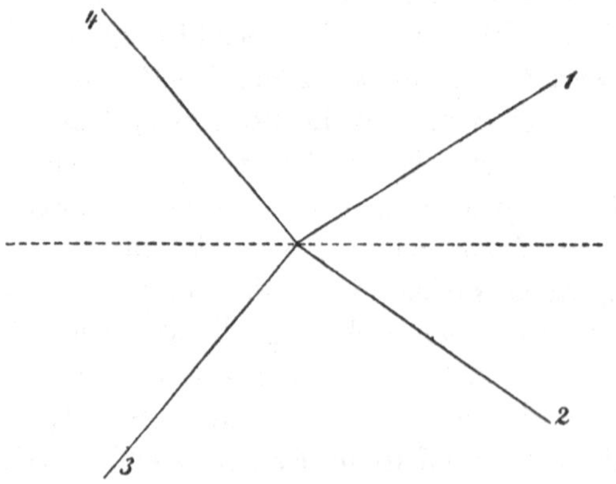

Fig. 4.

Die Gewichte wollen wir symmetrisch nennen, wenn die Gewichte in der Reihenfolge wie die Cylinder nebeneinander stehen, die Beschaffenheit haben, dass das auf den ersten Cylinder bezügliche Gewicht gleich dem auf den letzten Cylinder bezüglichen Gewichte ist, dass das auf den zweiten Cylinder bezügliche Gewicht gleich dem auf den vorletzten Cylinder bezüglichen Gewichte ist u. s. w., sodass überhaupt bei dem p^{ten} Cylinder von links dasselbe Gewicht in Rechnung zu ziehen ist wie bei dem p^{ten} Cylinder von rechts.

Die Kurbelwinkel wollen wir symmetrisch nennen, wenn im Kurbeldiagramm eine Richtung (Symmetrieachse) gezogen werden kann, mit der immer zwei von den Kurbelrichtungen gleiche Winkel bilden. Ist die Anzahl der Cylinder eine ungerade, so muss eine der Kurbelrichtungen selbst Symmetrieachse sein. Die beiden Figuren 4 und 5 zeigen symmetrische Kurbelstellung für vier und für fünf Cylinder.

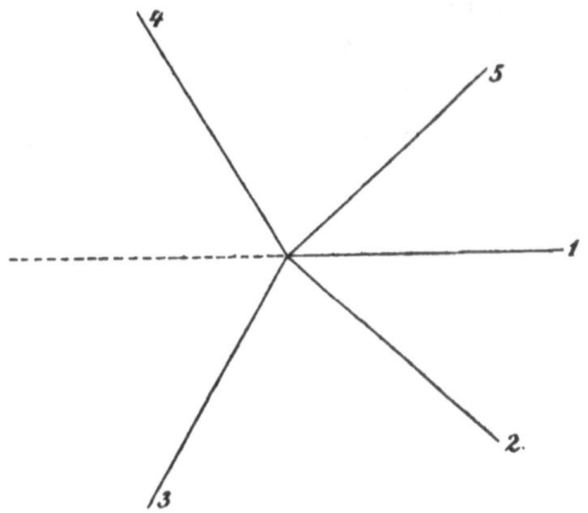

Fig. 5.

Wenn man die in § 1 eingeführten Kurbelwinkel $\alpha_1, \alpha_2, \ldots \alpha_n$ von der Symmetrieachse an zählt, so muss bei geradem n sein:

$$\alpha_n = -\alpha_1, \quad \alpha_{n-1} = -\alpha_2, \quad \alpha_{n-2} = -\alpha_3 \text{ u. s. w.}$$

sein, so dass sein muss:

$$\cos\alpha_n = \cos\alpha_1, \quad \cos\alpha_{n-1} = \cos\alpha_2, \quad \cos\alpha_{n-2} = \cos\alpha_3 \text{ u. s. w.,}$$

aber:

$$\sin\alpha_n = -\sin\alpha_1, \quad \sin\alpha_{n-1} = -\sin\alpha_2, \quad \sin\alpha_{n-2} = -\sin\alpha_3 \text{ u. s. w.}$$

Bei ungeradem n wird man $\alpha_1 = 0$ setzen und hat dann:

$$\alpha_n = -\alpha_2, \quad \alpha_{n-1} = -\alpha_3 \text{ u. s. w.}$$

Die Abstände wollen wir symmetrisch nennen, wenn immer zwei Cylinder von der Mitte gleich weit abstehen. Ist die Anzahl der

Fig. 6.

Fig. 7.

Cylinder ungerade, so muss einer der Cylinder in der Mitte stehen. Die beiden Figuren 6 und 7 zeigen symmetrische Abstände für fünf und für sechs Cylinder. Wenn man die Abstände von der Mitte an zählt, so muss zu jeder der in § 1 eingeführten Grössen l eine zweite Grösse l da sein, die von ihr nur durch das Vorzeichen verschieden ist; bei ungerader Cylinderanzahl muss dann eine der Grössen l gleich Null sein.

Da schon Schiffsmaschinen mit unsymmetrischen Gewichten und auch mit unsymmetrischen Kurbelwinkeln gebaut sind, aber wohl noch nie mit unsymmetrischen Abständen, so muss von den drei Bedingungen der Symmetrie die der symmetrischen Abstände in erster Linie berücksichtigt werden.

§ 4. **Primäre vertikale Ausgleichung.**
(Verschwinden der primären vertikalen Kräfte.)

Die Gleichungen (19) und (20):

$$\begin{Bmatrix} G_1 \cos a_1 + G_2 \cos a_2 + \ldots = 0 \\ G_1 \sin a_1 + G_2 \sin a_2 + \ldots = 0 \end{Bmatrix},$$

deren Erfüllung das Verschwinden der vertikalen Kräfte bei unendlich lang gedachter Schubstange ermöglicht, sind genau dieselben, wie die Gleichungen, welche befriedigt werden müssen, wenn n Kräfte

$$G_1, G_2, G_3, \ldots G_n,$$

die mit einer beliebig gewählten Anfangsrichtung die Winkel a_1, a_2, $a_3, \ldots a_n$ bilden, sich das Gleichgewicht halten sollen. Trotz dieser Übereinstimmung sind jedoch die beiden Probleme selbst ganz verschieden. Denn beim Ausgleichsproblem wirken alle Kräfte immer in derselben Richtung, nur verändert sich ihre Intensität während einer Kurbelumdrehung von einem positiven Maximalwerte bis zu einem ebenso grossen negativen Maximalwerte und wieder zurück. Bei dem Gleichgewichtsproblem sind dagegen die Richtungen der Kräfte verschieden, ihre Intensitäten aber unveränderlich.

In den Gleichungen (19) und (20) stecken noch die Winkel a_1, a_2, $a_3, \ldots a_n$, welche mit einer beliebig gewählten Anfangsrichtung gebildet werden. Um die Winkel einzuführen, welche die Kurbeln mit einer unter ihnen, etwa der ersten, bilden, multiplizieren wir (19) mit $\sin a_1$, (20) mit $\cos a_1$ und subtrahieren die erhaltenen Gleichungen. Dann kommt nach Anwendung der Formel:

$$\sin a \cos \beta - \cos a \sin \beta = \sin (a - \beta)$$

die folgende Gleichung heraus:

$$(27) \quad G_2 (\sin a_2 - a_1) + G_3 \sin (a_3 - a_1) + \ldots G_n \sin (a_n - a_1) = 0.$$

In dieser erscheint G_1 eliminiert. Ebenso konnte man jede andere der n Grössen G eliminieren. So erscheint durch Elimination von G_2 die folgende Gleichung:

$$(28)\quad G_1 \sin(a_1 - a_2) + G_3 \sin(a_3 - a_2) + \ldots + G_n \sin(a_n - a_2) = 0,$$

und durch Elimination von G_3:

$$(29)\quad G_1 \sin(a_1 - a_3) + G_2 \sin(a_2 - a_3) + G_4 \sin(a_4 - a_3) + \ldots + G_n \sin(a_n - a_3) = 0.$$

So kann man, da immer in jeder Gleichung eine der n Grössen G fehlen muss, zu n Gleichungen gelangen.

Zu einer zweiten Gruppe von n Gleichungen gelangen wir, wenn wir in jeder der beiden Gleichungen (19) und (20) den ersten Addenden oder den zweiten Addenden u. s. w. bis zum n^{ten} Addenden nach rechts transponieren, dann jede der beiden erhaltenen Gleichungen quadrieren, und darauf addieren. Dadurch kommt zuerst:

$$(G_2 \cos a_2 + G_3 \cos a_3 + \ldots)^2 + (G_2 \sin a_2 + G_3 \sin a_3 + \ldots)^2 = (G_1 \cos a_1)^2 + (G_1 \sin a_1)^2.$$

Wenn man nun die Quadrierungen ausführt und wiederholt die Formel $\cos^2 a + \sin^2 a = 1$ sowie die Formel $\cos a \cos \beta + \sin a \sin \beta = \cos(a - \beta)$ anwendet, so erhält man nach Vertauschung der rechten und linken Seite:

$$(30)\quad \begin{aligned} G_1^2 = {} & G_2^2 + G_3^2 + \ldots + G_n^2 \\ & + 2 G_2 G_3 \cos(a_2 - a_3) + 2 G_2 G_4 \cos(a_2 - a_4) + \ldots \\ & + 2 G_{n-1} G_n \cos(a_{n-1} - a_n). \end{aligned}$$

Genau so, wie soeben G_1 behandelt ist, lässt sich nun auch G_2, $G_3, \ldots G_n$ behandeln. Dadurch erhält man n Gleichungen, bei denen immer das Quadrat einer der Grössen G ausgedrückt erscheint. Beispielsweise sollen hier noch die Gleichungen für G_2^2 und für G_3^2 Platz finden:

$$(31)\quad \begin{aligned} G_2^2 = {} & G_1^2 + G_3^2 + \ldots + G_n^2 \\ & + 2 G_1 G_3 \cos(a_1 - a_3) + 2 G_1 G_4 \cos(a_1 - a_4) + \ldots; \end{aligned}$$

$$(32)\quad \begin{aligned} G_3^2 = {} & G_1^2 + G_2^2 + G_4^2 + \ldots + G_n^2 \\ & + 2 G_1 G_2 \cos(a_1 - a_2) + 2 G_1 G_4 \cos(a_1 - a_4) + \ldots. \end{aligned}$$

Die beiden erhaltenen Gruppen von je n Gleichungen lösen alle Fragen, die sich bei der primären vertikalen Ausgleichung aufstellen lassen, gleichviel wie gross die Anzahl n der miteinander verbundenen Cylinder ist. Da bei $n = 1$ der Begriff der Ausgleichung keinen Sinn hat, und da bei $n = 2$ es selbstverständlich ist, dass der Kurbelwinkel 180 Grad beträgt und die beiden Gewichte G_1 und G_2 gleich sein müssen, beginnen wir mit $n = 3$.

Für $n = 3$ haben wir vier Grössen, nämlich zwei Gewichtsverhältnisse und zwei Kurbelwinkel, die durch zwei Gleichungen miteinander verbunden sind. Von den vier Grössen sind also zwei als gegeben, die beiden andern als gesucht zu betrachten. Wenn zunächst zwei Kurbelwinkel gegeben sind, liefert uns die erste Gleichungsgruppe die Lösung. Man kann nämlich für $n = 3$ (27) auch so schreiben:

$$\frac{G_2}{\sin(a_1 - a_3)} = \frac{G_3}{\sin(a_2 - a_1)},$$

ferner (28) auch so:

$$\frac{G_1}{\sin(a_3 - a_2)} = \frac{G_3}{\sin(a_2 - a_1)}.$$

Hieraus erhält man durch Zusammenfassen:

$$\frac{G_1}{\sin(a_3 - a_2)} = \frac{G_2}{\sin(a_1 - a_3)} = \frac{G_3}{\sin(a_2 - a_1)}, \tag{33}$$

oder in Worten:

Eine dreicylindrige Maschine besitzt die primäre vertikale Ausgleichung dann und nur dann, wenn die Division des auf jeden Cylinder bezüglichen Gewichts durch den Sinus des Winkels zwischen den Kurbeln der beiden anderen Cylinder, dreimal auf eine und dieselbe Zahl führt, oder, was dasselbe ist, wenn die drei Gewichte den Sinussen der drei gegenüberliegenden Kurbelwinkel proportional sind.

Die Formel (33) löst die Frage, wie gross jedes Gewichtsverhältnis sein muss, wenn jeder Kurbelwinkel bekannt ist, zugleich aber auch die zweite Frage: „Gegeben sei ein Gewichtsverhältnis und ein nicht zuhöriger Kurbelwinkel, wie gross ist jedes andere Gewichtsverhältnis und jeder andere Kurbelwinkel?“ Wenn jedoch, wie es in der Praxis vorkommt, aus den gegebenen Gewichtsverhältnissen die Kurbelwinkel bestimmt werden sollen, so giebt uns Formel (33) keine Antwort. Wir erhalten die Antwort jedoch aus einer Formel, die entsteht, wenn wir in (30), (31) oder (32) $n = 3$ setzen und dann den rechts vorkommenden Cosinus ausdrücken. So erhalten wir:

$$(34)\qquad \begin{cases} \cos(a_3 - a_2) = \dfrac{G_1^2 - G_2^2 - G_3^2}{2\,G_2\,G_3}\,; \\ \cos(a_1 - a_3) = \dfrac{G_2^2 - G_3^2 - G_1^2}{2\,G_3\,G_1}\,; \\ \cos(a_2 - a_1) = \dfrac{G_3^2 - G_1^2 - G_2^2}{2\,G_1\,G_2}\,. \end{cases}$$

Wenn insbesondere die Gewichte G_1, G_2, G_3 einander gleich sind, so erhält man aus (34) für den Cosinus jedes der gesuchten drei Winkel „minus einhalb", woraus folgt, dass je zwei der drei Kurbelrichtungen einen Winkel von 120 Grad miteinander bilden.

Um bei einer vierkurbeligen Maschine den primären vertikalen Ausgleich zu ermöglichen, muss eine der Gleichungen (27) bis (29) für $n = 4$ befriedigt werden. Man erhält also etwa:

$$(35)\qquad G_1 \sin(a_1 - a_4) + G_2 \sin(a_2 - a_4) + G_3 \sin(a_3 - a_4) = 0\,.$$

Eine solche Gleichung, wie (35), würde gestatten, aus drei Kurbelwinkeln und einem Gewichtsverhältnis ein zweites solches Verhältnis zu berechnen, oder aber auch, aus zwei Kurbelwinkeln und zwei Gewichtsverhältnissen den dritten Kurbelwinkel zu bestimmen. Wenn aber, was praktisch wichtiger ist, die drei Gewichtsverhältnisse als gegeben vorliegen, kann die Gleichung (35) oder eine ihr analoge nichts nützen. Für diesen Fall gehen wir auf die ursprünglichen Gleichungen (19) und (20) zurück, aus denen wir schliessen:

$$G_1 \cos a_1 + G_2 \cos a_2 = -(G_3 \cos a_3 + G_4 \cos a_4)$$
$$G_1 \sin a_1 + G_2 \sin a_2 = -(G_3 \sin a_3 + G_4 \sin a_4)\,.$$

Quadriert man jede dieser Gleichungen und addiert dann, so erhält man:

$$(36)\qquad G_1^2 + G_2^2 + 2\,G_1 G_2 \cos(a_2 - a_1) = G_3^2 + G_4^2 + 2\,G_3 G_4 \cos(a_4 - a_3)\,.$$

Diese Gleichung gestattet nun, aus den drei Gewichtsverhältnissen und einem Kurbelwinkel, etwa $a_2 - a_1$, den gegenüberliegenden Kurbelwinkel $a_4 - a_3$ zu berechnen. Komplizierter wird dann die Berechnung der übrigen Kurbelwinkel. Wenn wir jedoch, was praktisch meist der Fall sein wird, annehmen, dass die auf die beiden aussenstehenden Cylinder bezüglichen Gewichte gleich sind, und dass auch die Gewichte gleich sind, die sich auf die beiden innenstehenden Cylinder beziehen, so wird die Berechnung äusserst einfach. Wir nehmen also an, dass:

$$G_4 = G_1 \text{ und } G_3 = G_2$$

ist. Dann folgt aus (36):

$$\cos(a_2 - a_1) = \cos(a_4 - a_3),$$

woraus folgt, dass $a_2 - a_1 = a_4 - a_3$ ist. Dieses Resultat lässt sich so aussprechen:

Bei einer vierkurbeligen Maschine mit primärem vertikalen Ausgleich ist Symmetrie in den Gewichten nicht möglich, ohne dass auch die Kurbelstellung symmetrisch ist

Die Beziehung zwischen den Winkeln und dem Gewichtsverhältnis jedes der beiden äusseren Cylinder zu jedem der beiden inneren Cylinder erhält man in diesem Falle, indem man die (36) analoge Formel aufstellt, bei der links die Indices 1 und 4, rechts die Indices 2 und 3 auftreten. Diese Formel lautet:

$$G_1^2 + G_4^2 + 2G_1G_4\cos(a_4 - a_1) = G_2^2 + G_3^2 + 2G_2G_3\cos(a_3 - a_2).$$

Aus ihr folgt für $G_4 = G_1$, $G_3 = G_2$:

$$2G_1^2 + 2G_1^2\cos(a_4 - a_1) = 2G_2^2 + 2G_2^2\cos(a_3 - a_2),$$

und, nach Anwendung der Formel $1 + \cos\alpha = 2\cos^2\frac{\alpha}{2}$:

$$4G_1^2\cos^2\frac{a_4 - a_1}{2} = 4G_2^2\cos^2\frac{a_3 - a_2}{2}$$

oder:

$$\frac{G_1}{G_2} = \frac{\cos\frac{a_3 - a_2}{2}}{\cos\frac{a_4 - a_1}{2}}. \tag{37}$$

Von den Gleichungen (19) und (20) wird, wenn man die a_1, a_2, a_3, a_4 von der Symmetrieachse aus zählt, (20) identisch erfüllt, und (19) führt auf die soeben gefundene Gleichung (37). Wir können daher das Resultat aussprechen:

Eine viercylindrige Maschine ist immer primär vertikal ausbalanciert, wenn die beiden äusseren Gewichte gleich sind, die beiden inneren Gewichte gleich sind, die Kurbeln symmetrische Stellung haben und jedes der beiden äusseren Gewichte sich zu jedem der beiden inneren Gewichte verhält wie der Cosinus des halben Winkels zwischen den Kurbeln der beiden inneren Cylinder zum Cosinus des halben Winkels zwischen den Kurbeln der beiden äusseren Cylinder.

Die oben gefundenen Resultate, ebenso wie die auf mehr als vier Cylinder bezüglichen, lassen sich auch sehr einfach aus dem Parallelogramm der Kräfte und dem Kräftepolygon ableiten. Dies hat darin seinen Grund, dass die Gleichungen (19) und (20), deren Erfüllung die primäre vertikale Ausgleichung hervorruft, mit den Bedingungsgleichungen identisch sind, die zwischen n in demselben Punkte angreifenden Kräften

$$G_1, G_2, G_3, \dots G_n,$$

bestehen müssen, wenn diese Richtungen haben, die mit einer beliebig gewählten Anfangsrichtung die Winkel:

$$a_1, a_2, a_3, \dots a_n$$

bilden. Man kann also auch graphisch zu den gewünschten Resultaten gelangen, wenn man nur dafür sorgt, dass das Kräftepolygon sich schliesst, das man erhält, wenn man die Gewichte mit Kräften identifiziert, die in einem und demselben Punkte angreifen, und die Kurbelwinkel mit den Winkeln identifiziert, unter welchen diese Kräfte zu einander geneigt sind. Man beachte aber, dass man auf solche Weise nur die primäre vertikale Ausgleichung erhalten kann, nicht aber die völlige vertikale Ausgleichung und ebensowenig die Schlicksche Ausgleichung, zu welcher ja noch die Erfüllung der beiden Momentgleichungen (21) und (22) gehört.

Zweiter Abschnitt.

Die Schlicksche Ausgleichung.

(Verschwinden der primären vertikalen und der primären kippenden Kräfte.)

§ 5. Abhängigkeit der Cylinderreihenfolge von der Kurbelreihenfolge bei vierkurbeligen Maschinen.

Zu den in § 4 behandelten primären Kraftgleichungen:

$$G_1 \cos a_1 + G_2 \cos a_2 + \dots = 0 \tag{38}$$

$$G_1 \sin a_1 + G_2 \sin a_2 + \dots = 0 \tag{39}$$

treten noch die beiden primären Momentgleichungen hinzu, um vier Gleichungen zu geben, von deren Erfüllung die Schlicksche Ausgleichung abhängt. Die beiden Momentgleichungen lauten:

$$G_1 l_1 \cos a_1 + G_2 l_2 \cos a_2 + \dots = 0 \tag{40}$$

$$G_1 l_1 \sin a_1 + G_2 l_2 \sin a_2 + \dots = 0. \tag{41}$$

Analog der Ableitung der Gleichung (33) in § 4 lässt sich aus (40) und (41) eine Gleichung ableiten, die sich von (33) nur dadurch unterscheidet, dass $G_1 l_1$ an die Stelle von G_1, $G_2 l_2$ an die Stelle von G_2, $G_3 l_3$ an die Stelle von G_3 getreten ist. Wir erhalten also bei drei Cylindern die beiden folgenden Gleichungen:

$$\frac{G_1}{\sin(a_3 - a_2)} = \frac{G_2}{\sin(a_1 - a_3)} = \frac{G_3}{\sin(a_2 - a_1)}; \tag{42}$$

$$\frac{G_1 l_1}{\sin(a_3 - a_2)} = \frac{G_2 l_2}{\sin(a_1 - a_3)} = \frac{G_3 l_3}{\sin(a_2 - a_1)}. \tag{43}$$

Diese Gleichungen werden natürlich vereinbar, wenn $l_1 = l_2 = l_3$ ist. Die Praxis aber erfordert (§ 3), dass die drei l verschieden voneinander sind. Ist aber l_1 verschieden von l_2 und verschieden von l_3, so lassen sich die Gleichungen (42) und (43) nur erfüllen, wenn entweder die Gewichte Null sind oder die Sinus der Kurbelwinkel Null sind, d. h. die Kurbelwinkel 0 Grad oder 180 Grad betragen. Beides aber ist ebenfalls durch die Forderungen der Praxis ganz ausgeschlossen. Hieraus folgt also:

Bei drei Cylindern ist die Schlicksche Ausgleichung unmöglich, auch wenn auf Symmetrie Verzicht geleistet wird.

Wenn die vier Gleichungen (38) bis (41) sich auf vier Cylinder beziehen, so lassen sich immer zwei Gewichte eliminieren und zwar auf folgende Weise: Man multipliziere (38) mit $\sin \alpha_1$ und (39) mit $\cos \alpha_1$ und subtrahiere. Dann kommt nach Anwendung der Formel $\sin \alpha \cos \beta - \cos \alpha \sin \beta = \sin (\alpha - \beta)$:

$$(44) \qquad G_2 \sin (\alpha_2 - \alpha_1) + G_3 \sin (\alpha_3 - \alpha_1) + G_4 \sin (\alpha_4 - \alpha_1) = 0.$$

Genau so erhält man aus (40) und (41):

$$(45) \qquad G_2 l_2 \sin (\alpha_2 - \alpha_1) + G_3 l_3 \sin (\alpha_3 - \alpha_1) + G_4 l_4 \sin (\alpha_4 - \alpha_1) = 0.$$

Multiplizieren wir nun (44) mit l_2 und subtrahieren dann die so multiplizierte Gleichung von (45), so erhalten wir:

$$(46) \qquad G_3 (l_3 - l_2) \sin (\alpha_3 - \alpha_1) + G_4 (l_4 - l_2) \sin (\alpha_4 - \alpha_1) = 0.$$

Eine zweite Gleichung zwischen G_3 und G_4 ergiebt sich, wenn wir zuerst G_2 statt G_1 eliminieren, dann aber $G_1 l_1$ eliminieren. Dadurch erhalten wir statt (44) und (45):

$$G_1 \sin (\alpha_1 - \alpha_2) + G_3 \sin (\alpha_3 - \alpha_2) + G_4 \sin (\alpha_4 - \alpha_2) = 0$$

und:

$$G_1 l_1 \sin (\alpha_1 - \alpha_2) + G_3 l_3 \sin (\alpha_3 - \alpha_2) + G_4 l_4 \sin (\alpha_4 - \alpha_2) = 0,$$

woraus sich durch Elimination von G_1 bezw. $G_1 l_1$ ergiebt:

$$(47) \qquad G_3 (l_3 - l_1) \sin (\alpha_3 - \alpha_2) + G_4 (l_4 - l_1) \sin (\alpha_4 - \alpha_2) = 0.$$

Sowie eben G_1 und G_2 eliminiert wurde und zwei Gleichungen zwischen G_3 und G_4 erhalten wurden, so lassen sich noch fünf andere Gleichungspaare ableiten, nämlich zwischen G_1 und G_2, G_1 und G_3, G_1 und G_4, G_2 und G_3, G_2 und G_4. Aus diesen sechs Gleichungspaaren lässt sich nun erkennen, wie die Cylinder zu einander stehen müssen, wenn ihre Kurbeln die Reihenfolge 1, 2, 3, 4 haben. Die Winkel, welche die Kurbeln, der Reihe nach, miteinander bilden, sind:

$$\alpha_2 - \alpha_1, \quad \alpha_3 - \alpha_2, \quad \alpha_4 - \alpha_3, \quad \alpha_1 - \alpha_4.$$

Diese Winkel betrachten wir als positiv, sodass also:

$$\alpha_1 - \alpha_2, \quad \alpha_1 - \alpha_3, \quad \alpha_1 - \alpha_4, \quad \alpha_2 - \alpha_3 \quad \text{u. s. w.}$$

als negativ zu betrachten sind. Es lässt sich nun zunächst einsehen, dass kein Winkel zwischen zwei unmittelbar aufeinander folgenden Kurbeln mehr als 180 Grad betragen kann. Denn die Gleichungen (38) und (39) sagen aus, dass die Gewichte G_1, G_2, G_3, G_4, als Kräfte aufgefasst, sich unter den Winkeln

$$a_2 - a_1, \quad a_3 - a_2, \quad a_4 - a_3, \quad a_1 - a_4$$

das Gleichgewicht halten müssen. Wenn nun einer der vier Winkel, etwa $a_2 - a_1$, mehr als 180 Grad betrüge, so müsste die Resultante von G_2 und G_1 eine Richtung haben, die in dem konkaven Winkel zwischen G_2 und G_1 liegt. Da aber in diesem konkaven Winkel auch die Richtungen von G_3 und G_4 liegen, so müsste die Resultante von G_3 und G_4 ebenfalls in jenem konkaven Winkel liegen. Die beiden Resultanten hätten also Richtungen, die einen Winkel unter 180 Grad miteinander bildeten. Dies ist aber nicht möglich, da, wegen des Gleichgewichts, beide Resultanten gleich und entgegengesetzt sein müssten. Damit ist bewiesen, dass keiner der vier Winkel aufeinander folgender Kurbeln mehr als 180 Grad betragen kann. Die Sinusse dieser vier Winkel sind also sämtlich positiv. Um aus diesem Resultate Schlüsse auf die Reihenfolge der Cylinder machen zu können, betrachten wir die vier Gleichungen, welche (46) und (47) analog sind, und die Gewichte G_1 und G_3, sowie G_2 und G_4 enthalten. Diese Gleichungen lauten:

$$G_1(l_1 - l_2)\sin(a_1 - a_4) + G_3(l_3 - l_2)\sin(a_3 - a_4) = 0$$
$$G_1(l_1 - l_4)\sin(a_1 - a_2) + G_3(l_3 - l_4)\sin(a_3 - a_2) = 0$$
$$G_2(l_2 - l_1)\sin(a_2 - a_3) + G_4(l_4 - l_1)\sin(a_4 - a_3) = 0$$
$$G_2(l_2 - l_3)\sin(a_2 - a_1) + G_4(l_4 - l_3)\sin(a_4 - a_1) = 0.$$

Wir schreiben nun diese vier Gleichungen so, dass die Winkel, und darum auch ihre Sinusse, positiv sind. Dadurch erhalten wir:

$$G_1(l_1 - l_2)\sin(a_1 - a_4) = G_3(l_3 - l_2)\sin(a_4 - a_3)$$
$$G_3(l_3 - l_4)\sin(a_3 - a_2) = G_1(l_1 - l_4)\sin(a_2 - a_1)$$
$$G_4(l_4 - l_1)\sin(a_4 - a_3) = G_2(l_2 - l_1)\sin(a_3 - a_2)$$
$$G_2(l_2 - l_3)\sin(a_2 - a_1) = G_4(l_4 - l_3)\sin(a_1 - a_4).$$

In diesen Gleichungen sind nun alle Grössen G und alle Sinusse positiv. Wir können daher schliessen, dass von gleichem Vorzeichen sein müssen:

$$l_1 - l_2 \quad \text{und} \quad l_3 - l_2;$$
$$l_3 - l_4 \quad \text{und} \quad l_1 - l_4;$$
$$l_4 - l_1 \quad \text{und} \quad l_2 - l_1;$$
$$l_2 - l_3 \quad \text{und} \quad l_4 - l_3.$$

Hieraus folgt, dass, wenn wir den Cylinder, der am weitesten nach links steht, mit 1 bezeichnen, nur die folgenden beiden Stellungen möglich sind:

1 3 2 4

und:

1 3 4 2

Aber auch diese beiden Stellungen erkennt man als nicht wesentlich verschieden, wenn man beachtet, dass man im Kurbeldiagramm ebenso gut im Sinne eines Uhrzeigers wie im entgegengesetzten Sinne zählen kann. Wir thuen also der Allgemeinheit keinen Abbruch, wenn wir die Cylinder immer in der Stellungsreihenfolge

1 3 4 2

annehmen, nachdem die Kurbeln, der Reihe nach, im Sinne eines Uhrzeigers 1, 2, 3, 4 genannt sind. Man kann unser Resultat auch in Worten aussprechen und zwar folgendermassen:

Zur Schlickschen Ausgleichung bei einer viercylindrigen Maschine ist notwendig, dass erstens die beiden aussenstehenden Cylinder Kurbeln haben, die im Kurbeldiagramm benachbart sind, dass zweitens die beiden innenstehenden Cylinder Kurbeln haben, die im Kurbeldiagramm benachbart sind, dass drittens die beiden am meisten nach rechts stehenden Cylinder Kurbeln haben, die im Kurbeldiagramm nicht benachbart sind, wie 1 und 3 oder 2 und 4, und dass viertens die beiden am weitesten nach links stehenden Cylinder Kurbeln haben, die ebenfalls im Kurbeldiagramm nicht benachbart sind.

§ 6. Perspektive Lage des Abstandsdiagramms und des Kurbeldiagramms.

In § 5 ist gezeigt, wie immer zwischen je zwei von den vier Grössen G zwei Gleichungen aufgestellt werden können. Eliminiert man nun zwischen je zwei solchen Gleichungen das Verhältnis der beiden Grössen G, so erhält man eine Gleichung, die nur zwischen den Abständen und den Kurbelwinkeln stattfindet. Beispielsweise erhält man auf solche Weise aus (46) und (47):

$$\frac{(l_3 - l_2)\sin(a_3 - a_1)}{(l_3 - l_1)\sin(a_3 - a_2)} = \frac{(l_4 - l_2)\sin(a_4 - a_1)}{(l_4 - l_1)\sin(a_4 - a_2)}$$

oder:

(48) $$\frac{l_3 - l_2}{l_3 - l_1} : \frac{l_4 - l_2}{l_4 - l_1} = \frac{\sin(a_3 - a_2)}{\sin(a_3 - a_1)} : \frac{\sin(a_4 - a_2)}{\sin(a_4 - a_1)}.$$

In Worten heisst dies:

Das Verhältnis, in welchem der Abstand der Cylinder 1 und 2 durch Cylinder 3 geteilt wird, verhält sich zu dem Verhältnis, in welchem derselbe Abstand durch Cylinder 4 geteilt wird, wie sich das Verhältnis der Sinusse der Winkel, welche Kurbel 3 mit den Kurbeln 1 und 2 bildet, zu dem Verhältnisse der Sinusse derjenigen Winkel verhält, welche die Kurbel 4 mit den Kurbeln 1 und 2 bildet.

Was soeben über die Cylinder 1 und 2 und ihre Kurbeln ausgesagt ist, lässt sich ebenso für je zwei andere Cylinder erkennen. Man hat dann nur statt der Gleichungen (46) und (47) zwei analoge Gleichungen für ein anderes Gewichtsverhältnis als $G_3 : G_4$ zu verknüpfen. Immer erscheint das Doppelverhältnis der vier Punkte, in denen die vier Cylinder zu denken sind, gleichgesetzt dem Doppelverhältnis der Sinusse der entsprechenden Winkel zwischen den Kurbelrichtungen. Dies ist aber, nach den Grundlagen der neueren synthetischen Geometrie, das charakteristische Merkmal dafür, dass die vier Punkte, in denen die Cylinder zu denken sind, in perspektive Lage zu den vier Kurbelrichtungen gebracht werden können.*) Keine Maschine kann also nach Schlicks Patent ausgeglichen sein, bei der nicht die von einem und demselben Punkte ausgehend gedachten vier Kurbelrichtungen in perspektive Lage zu vier Punkten gebracht werden können, die in gerader Linie so zueinander liegen, wie die vier Cylinder der Maschine zueinander stehen (vergl. Fig. 8). Bei dieser Behauptung sind selbstverständlich die Steuerungsteile nicht mit in Betracht gezogen.

Auch kann man, wenn das Kurbeldiagramm als gegeben vorliegt, leicht prüfen, ob, gemäss dem soeben bewiesenen Kriterium, das Abstandsdiagramm dazu passt. Man hat nämlich nur, wie in Figur 9 geschehen ist, vom Scheitel O des Kurbeldiagramms, auf die Verlängerung der Richtung der Kurbel 1, nacheinander zwei Strecken abzutragen, die sich verhalten, wie die Abstände 34 und 13, OA bis A und AB bis B, durch A die Parallele mit Kurbel 4 zu ziehen, die Kurbel 3 im Punkte C schneidet, dann B mit C zu verbinden,

*) Diese Eigenschaft einer nach Schlicks Patent ausgeglichenen Schiffsmaschine erwähnte ich schon 1896 in einem Gutachten bezüglich dieses Patentes.

sodass die Verbindungslinie die Verlängerung der Kurbelrichtung 4 in D trifft. Ist dann E der Schnittpunkt der geraden Linie BCD

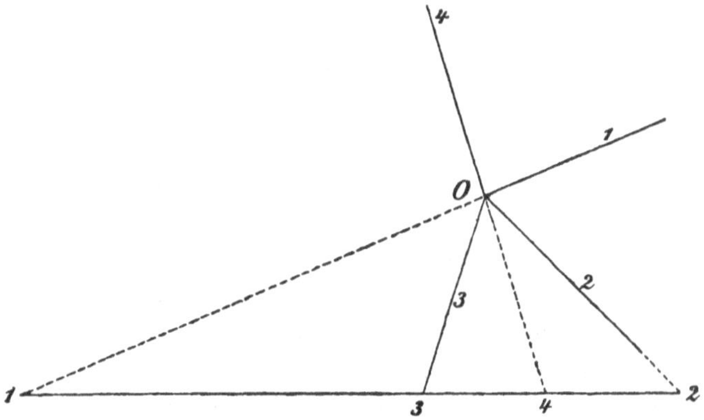

Fig. 8.

mit der Kurbelrichtung 2, so müssen die Punkte B, C, D, E zueinander so liegen, wie die Cylinder 1, 3, 4, 2, d. h., es muss

$$BC \text{ zu } CD \text{ zu } DE$$

sich verhalten wie die Abstände

$$13 \text{ zu } 34 \text{ zu } 42.$$

Man beachte, dass das Kriterium der perspektiven Lage der vier Kurbelrichtungen zu vier Punkten, die so zueinander liegen, wie die vier Cylinder zueinander stehen, eine notwendige, aber noch nicht hinreichende Bedingung dafür ist, dass eine Maschine nach Schlicks Patent ausgeglichen ist. Zu dieser Bedingung treten nämlich noch die Gleichungen hinzu, die sich aus den in § 5 entwickelten Formeln (46) und (47) sowie aus den analogen Formeln ergeben, Gleichungen, durch welche bei gegebenen Kurbelwinkeln und Abständen die Gewichtsverhältnisse berechnet werden können.

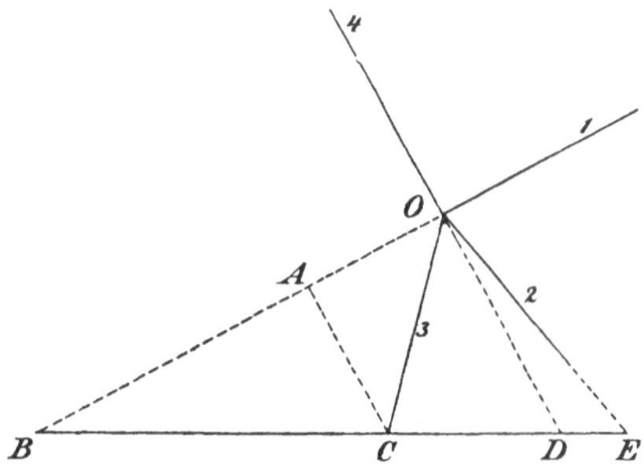

Fig. 9.

Aus dem Kriterium der perspektiven Lage folgen ohne Weiteres die beiden folgenden Resultate:

1. Bei einer vierkurbeligen Maschine mit Schlickscher Ausgleichung können die Abstände symmetrisch sein, ohne dass es die Kurbelwinkel zu sein brauchen;

2. Bei einer vierkurbeligen Maschine mit Schlickscher Ausgleichung können die Kurbelwinkel symmetrisch sein, ohne dass es die Abstände zu sein brauchen.

In praxi werden fast immer die Abstände symmetrisch sein, d. h., es werden die beiden aussenstehenden Cylinder, also nach § 5 die Cylinder 1 und 2, von der Mitte gleich weit abstehen, ebenso die beiden innen stehenden Cylinder, also 3 und 4. Für solch eine symmetrische Stellung soll immer L der Abstand der beiden äusseren, l der Abstand der beiden inneren Cylinder sein. Dann ist also zu setzen:

$$(49) \quad \begin{cases} l_2 - l_1 = L, \quad l_3 - l_1 = \dfrac{L - l}{2}, \quad l_4 - l_1 = \dfrac{L + l}{2}, \\ l_4 - l_3 = l, \quad l_2 - l_3 = \dfrac{L + l}{2}, \quad l_2 - l_4 = \dfrac{L - l}{2}. \end{cases}$$

Hiernach wird die Bedingungsgleichung (48) für symmetrische Abstände zu:

$$(50) \quad \frac{\sin(a_3 - a_2)}{\sin(a_3 - a_1)} : \frac{\sin(a_4 - a_2)}{\sin(a_4 - a_1)} = \frac{L + l}{L - l} : \frac{L - l}{L + l} = \frac{(L + l)^2}{(L - l)^2}.$$

§ 7. Auffindung der drei Gewichtsverhältnisse aus den Kurbelwinkeln und den Abständen.

Nach § 6 sind die Kurbelwinkel und die Abstände nicht unabhängig voneinander, sie sind vielmehr durch eine Relation, nämlich durch die Gleichung (48) oder eine entsprechende, miteinander verbunden. Diese Relation gestattet zweierlei, erstens bei gegebenen Kurbelwinkeln und einem gegebenen Abstandsverhältnis jedes andere Abstandsverhältnis zu finden, zweitens bei gegebenen Abständen und zwei gegebenen Kurbelwinkeln die andern Kurbelwinkel zu finden. Sollen die Abstände symmetrisch sein, so heisst dies, dass ein Abstandsverhältnis gegeben ist, nämlich:

$$\frac{l_3 - l_1}{l_2 - l_4} = 1 \quad \text{oder} \quad \frac{l_4 - l_1}{l_2 - l_3} = 1.$$

Bei symmetrischen Abständen ist daher das Verhältnis L zu l des Abstands der äusseren Cylinder zum Abstand der inneren Cylinder völlig bestimmt, sobald die Kurbelwinkel gegeben sind.

Wenn nun aber die Abstände und die Kurbelwinkel so gewählt sind, dass die Doppelverhältnis-Relation erfüllt ist, so handelt es sich noch darum, jedes Gewichtsverhältnis durch die Abstände und die Kurbelwinkel auszudrücken. Dies ist schon in § 5 vermittelst der Gleichungen (46), (47) und der analogen Gleichungen geschehen. Es handelt sich bloss noch darum, diese Gleichungen so zu schreiben, dass links die Gewichtsverhältnisse erscheinen. Es wird ausreichen, wenn wir die drei Verhältnisse

$$G_2 : G_1 , \quad G_3 : G_1 , \quad G_4 : G_1$$

ausdrücken. Wegen der Doppelverhältnis-Relation erscheint jedes dieser Verhältnisse auf doppelte Weise ausgedrückt, nämlich:

$$(51) \qquad \frac{G_2}{G_1} = \frac{l_4 - l_1}{l_2 - l_4} \cdot \frac{\sin(a_3 - a_1)}{\sin(a_3 - a_2)} = \frac{l_3 - l_1}{l_2 - l_3} \cdot \frac{\sin(a_1 - a_4)}{\sin(a_2 - a_4)};$$

$$(52) \qquad \frac{G_3}{G_1} = \frac{l_2 - l_1}{l_2 - l_3} \cdot \frac{\sin(a_1 - a_4)}{\sin(a_4 - a_3)} = \frac{l_4 - l_1}{l_4 - l_3} \cdot \frac{\sin(a_2 - a_1)}{\sin(a_3 - a_2)};$$

$$(53) \qquad \frac{G_4}{G_1} = \frac{l_2 - l_1}{l_2 - l_4} \cdot \frac{\sin(a_3 - a_1)}{\sin(a_4 - a_3)} = \frac{l_3 - l_1}{l_4 - l_3} \cdot \frac{\sin(a_2 - a_1)}{\sin(a_2 - a_4)}.^{*)}$$

Bisher haben wir die Winkel zwischen zwei Kurbeln immer durch Differenzen, wie $a_2 - a_1$, $a_1 - a_4$ u. s. w. ausgedrückt. Es ist jedoch üblicher und vielleicht auch übersichtlicher, sie durch einzelne griechische Buchstaben auszudrücken. Wir wollen deshalb, der Reihe nach, $a_2 - a_1$ durch α, $a_3 - a_2$ durch β, $a_4 - a_3$ durch γ, $a_1 - a_4$ durch δ bezeichnen, wie auch aus dem beistehenden Kurbeldiagramm (Fig. 10) ersichtlich ist.

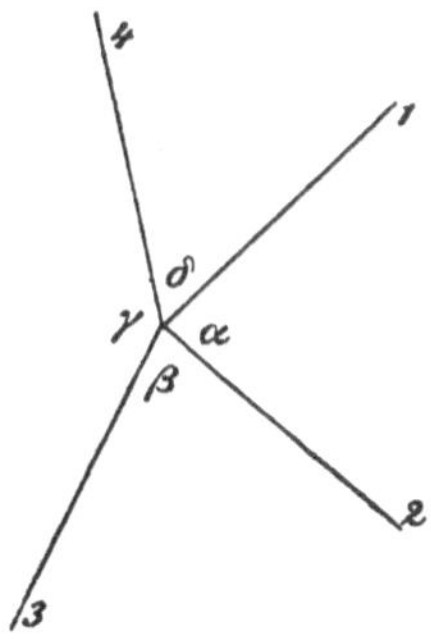

Fig. 10.

Mit Benutzung dieser Bezeichnungsweise schreiben wir die Gleichungen (51), (52), (53) noch einmal, indem wir sie zugleich für symmetrische Abstände (vgl. (49)) spezialisieren:

$$(54) \qquad \frac{G_2}{G_1} = \frac{L + l}{L - l} \cdot \frac{\sin(\alpha + \beta)}{\sin\beta} = \frac{L - l}{L + l} \cdot \frac{\sin\delta}{\sin(\alpha + \delta)};$$

*) Die Gleichungen (51) bis (53) zeigen auch, dass, wenn nur einer der sechs Sinusse Null wäre, sie alle Null sein müssten. Selbst wenn also die Praxis zuliesse, dass zwei Kurbeln parallele Richtung hätten, so wäre die Schlicksche Ausgleichung doch nur dadurch erreichbar, dass auch die andern Kurbeln dieser Richtung parallel wären.

$$(55)\qquad \frac{G_3}{G_1} = \frac{2L}{L+l} \cdot \frac{\sin\delta}{\sin\gamma} = \frac{L+l}{2l} \cdot \frac{\sin\alpha}{\sin\beta};$$

$$(56)\qquad \frac{G_4}{G_1} = \frac{2L}{L-l} \cdot \frac{\sin(\alpha+\beta)}{\sin\gamma} = \frac{L-l}{2l} \cdot \frac{\sin\alpha}{\sin(\alpha+\delta)}.$$

Auch die Doppelverhältnis-Relation schreiben wir nochmal mit Benutzung der griechischen Buchstaben für die Winkel und für symmetrische Abstände. Wir erhalten dieselbe aus (55) in folgender Gestalt:

$$(57)\qquad \frac{\sin\beta \cdot \sin\delta}{\sin\gamma \cdot \sin\alpha} = \frac{(L+l)^2}{4Ll} = \left(\frac{L+l}{2} : \sqrt{Ll}\right)^2.$$

Aus (57) können wir den Satz entnehmen:

Bei einer viercylindrigen Maschine mit Schlickscher Ausgleichung und mit symmetrischen Abständen verhält sich das arithmetische Mittel zwischen den Abständen der äusseren und der inneren Cylinder zum geometrischen Mittel derselben Abstände wie die Quadratwurzel aus dem Produkte der Sinusse zweier Gegenwinkel zur Quadratwurzel aus dem Produkte der Sinusse der beiden andern Gegenwinkel und zwar so, dass das Sinusprodukt für den Winkel zwischen den Kurbeln der beiden äusseren Cylinder und den Winkel zwischen den Kurbeln der beiden inneren Cylinder kleiner ist als das andere Sinusprodukt.

§ 8. Relation zwischen den Abständen und den Gewichten.

Die vier Bedingungsgleichungen der Schlickschen Ausgleichung bestehen bei vier Cylindern zwischen drei Gewichtsverhältnissen, drei Kurbelwinkeln und zwei Abstandsverhältnissen, also im ganzen zwischen acht Grössen. Durch Elimination der drei Gewichtsverhältnisse muss daher eine Gleichung entstehen, die allein die Kurbelwinkel und die Abstände enthält. Dies ist die in § 6 und § 7 behandelte Doppelverhältnis-Relation. Wenn man nun andrerseits sich die drei Kurbelwinkel eliminiert denkt, so erkennt man, dass eine Gleichung bestehen muss, die allein die Gewichte und die Abstände miteinander verknüpft. Diese Relation lässt sich auf folgende Weise auffinden.

Man gehe auf die Gleichungen (38) bis (41) zurück, multipliziere (38) mit l_1 und subtrahiere dann von (40). Ebenso multipliziere man (39) mit l_1 und subtrahiere dann von (41). So erhält man die beiden Gleichungen:

(58) $G_2(l_2 - l_1)\cos a_2 + G_3(l_3 - l_1)\cos a_3 + G_4(l_4 - l_1)\cos a_4 = 0,$

(59) $G_2(l_2 - l_1)\sin a_2 + G_3(l_3 - l_1)\sin a_3 + G_4(l_4 - l_1)\sin a_4 = 0.$

Wenn man nun in (58) und in (59) das G_2 enthaltende Glied durch Transponieren isoliert, dann quadriert und die quadrierten Gleichungen addiert, erhält man:

$$G_2^2(l_2 - l_1)^2(\cos^2 a_2 + \sin^2 a_2)$$
$$= G_3^2(l_3 - l_1)^2(\cos^2 a_3 + \sin^2 a_3) + G_4^2(l_4 - l_1)^2(\cos^2 a_4 + \sin^2 a_4)$$
$$+ 2G_3G_4(l_3 - l_1)(l_4 - l_1)(\cos a_3 \cos a_4 + \sin a_3 \sin a_4),$$

oder, da $\cos^2 \alpha + \sin^2 \alpha = 1$ und $\cos\alpha\cos\beta + \sin\alpha\sin\beta = \cos(\alpha - \beta)$ ist,

$$(60)\quad G_2^2(l_2 - l_1)^2 = G_3^2(l_3 - l_1)^2 + G_4^2(l_4 - l_1)^2$$
$$+ 2G_3G_4(l_3 - l_1)(l_4 - l_1)\cos(a_4 - a_3).$$

Wenn man nun anfänglich mit l_2 statt mit l_1 multipliziert und dann auf analoge Weise G_1 nach links schafft, so gelangt man zu einer (60) analogen Gleichung, welche lautet:

$$(61)\quad G_1^2(l_1 - l_2)^2 = G_3^2(l_3 - l_2)^2 + G_4^2(l_4 - l_2)^2$$
$$+ 2G_3G_4(l_3 - l_2)(l_4 - l_2)\cos(a_4 - a_3)$$

Nun hat man nur noch $\cos(a_4 - a_3)$ aus (60) und (61) zu eliminieren, um die gesuchte Relation zu erhalten. Zu dem Ende multiplizieren wir (60) mit $(l_3 - l_2)(l_4 - l_2)$ sowie (61) mit $(l_3 - l_1)(l_4 - l_1)$ und subtrahieren dann. So erhalten wir:

$$G_2^2(l_2 - l_1)^2(l_3 - l_2)(l_4 - l_2) - G_1^2(l_1 - l_2)^2(l_3 - l_1)(l_4 - l_1)$$
$$= G_3^2[(l_3 - l_1)^2(l_3 - l_2)(l_4 - l_2) - (l_3 - l_2)^2(l_3 - l_1)(l_4 - l_1)]$$
$$+ G_4^2[(l_4 - l_1)^2(l_3 - l_2)(l_4 - l_2) - (l_4 - l_2)^2(l_3 - l_1)(l_4 - l_1)]$$

oder:

$$(l_2 - l_1)[G_2^2(l_2 - l_1)(l_2 - l_3)(l_2 - l_4) + G_1^2(l_1 - l_2)(l_1 - l_3)(l_1 - l_4)]$$
$$= G_3^2(l_3 - l_1)(l_3 - l_2)[(l_3 - l_1)(l_4 - l_2) - (l_3 - l_2)(l_4 - l_1)]$$
$$+ G_4^2(l_4 - l_1)(l_4 - l_2)[(l_4 - l_1)(l_3 - l_2) - (l_4 - l_2)(l_3 - l_1)].$$

Die erste eckige Klammer rechts ergiebt nun:

$$l_3l_4 - l_3l_2 - l_1l_4 + l_1l_2 - l_3l_4 + l_3l_1 + l_2l_4 - l_1l_2$$
$$= l_3(l_1 - l_2) - l_4(l_1 - l_2) = (l_1 - l_2)(l_3 - l_4) = -(l_2 - l_1)(l_3 - l_4).$$

Ebenso ergiebt die zweite eckige Klammer rechts:

$$l_4l_3 - l_4l_2 - l_1l_3 + l_1l_2 - l_4l_3 + l_4l_1 + l_2l_3 - l_2l_1$$
$$= l_4(l_1 - l_2) - l_3(l_1 - l_2) = (l_1 - l_2)(l_4 - l_3) = -(l_2 - l_1)(l_4 - l_3).$$

Somit bekommen beide Seiten der Gleichung den gemeinschaftlichen Faktor $l_2 - l_1$, den man also fortlassen kann. Hiernach erhält man die gesuchte Relation zwischen den Gewichten und den Abständen in der folgenden übersichtlichen und symmetrischen Form:

$$
\begin{aligned}
(62) \qquad & G_1^2(l_1 - l_2)(l_1 - l_3)(l_1 - l_4) \\
& + G_2^2(l_2 - l_1)(l_2 - l_3)(l_2 - l_4) \\
& + G_3^2(l_3 - l_1)(l_3 - l_2)(l_3 - l_4) \\
& + G_4^2(l_4 - l_1)(l_4 - l_2)(l_4 - l_3) = 0.
\end{aligned}
$$

Bei der in § 5 erhaltenen Anordnung der Cylinder wird der erste Addende negativ, der zweite positiv, der dritte positiv, der vierte negativ, so dass die Relation, wenn alle Klammern positive Abstände bedeuten sollen, folgendermassen geschrieben werden kann:

$$
\begin{aligned}
& - G_1^2(l_2 - l_1)(l_3 - l_1)(l_4 - l_1) + G_2^2(l_2 - l_1)(l_2 - l_3)(l_2 - l_4) \\
= & - G_3^2(l_3 - l_1)(l_2 - l_3)(l_4 - l_3) + G_4^2(l_4 - l_1)(l_2 - l_4)(l_4 - l_3).
\end{aligned}
$$

Einfacher wird diese Relation, wenn man symmetrische Abstände voraussetzt und demgemäss nach (49) L und l einführt. Dann kann man nämlich durch:

$$\frac{L - l}{2} \cdot \frac{L + l}{2}$$

heben, und man erhält:

$$(63) \qquad L\left(G_2^2 - G_1^2\right) = l\left(G_4^2 - G_3^2\right).$$

Man bemerke, dass diese Relation von selbst erfüllt wird, wenn $G_2 = G_1$ und $G_4 = G_3$ ist. Wenn also Symmetrie sowohl bezüglich der Abstände als auch bezüglich der Gewichte vorhanden ist, so braucht die hier abgeleitete Relation nicht beachtet zu werden, da sie von selbst erfüllt wird. Wenn aber nur die Abstände und nicht die Gewichte symmetrisch sind, so ist, nach Feststellung des Verhältnisses L zu l und der Grösse von drei Gewichten, die Grösse des vierten Gewichtes nicht mehr willkürlich, sondern genau bestimmt. Wenn z. B. L zu l sich wie 3 zu 1 verhält, d. h. alle Abstände gleich sind, und wenn dann G_1 gleich 7 Gewichtseinheiten, G_2 gleich 8 Gewichtseinheiten, G_3 gleich 6 Gewichtseinheiten festgesetzt sind, so muss G_4 genau gleich 9 Gewichtseinheiten sein, damit die Schlicksche Ausgleichung möglich wird. Denn wir haben dann:

$$3\left(8^2 - 7^2\right) = G_4^2 - 6^2$$

oder:

$$G_4 = \sqrt{3\,(8^2 - 7^2) + 6^2} = \sqrt{3 \cdot 15 + 36} = \sqrt{81} = 9.$$

§ 9. Rechnerische und graphische Bestimmung der Kurbelwinkel aus den Abständen und den Gewichten.

In § 7 waren die Kurbelwinkel und die Abstände als gegeben, die Gewichtsverhältnisse als gesucht betrachtet. Praktisch wichtiger ist es jedoch, umgekehrt die Gewichtsverhältnisse und die Abstände als gegeben und die Kurbelwinkel als gesucht anzusehen. Dann können die Formeln (60) und (61) in § 8 und die ihnen homologen Formeln dazu dienen, die Kurbelwinkel zu berechnen. Um die Berechnung zu vereinfachen, beachte man, dass die Formel (60) ebenso gestaltet ist wie die Cosinusformel:

$$a^2 = b^2 + c^2 - 2bc \cos \alpha$$

der ebenen Trigonometrie, nur dass

$$a = G_2(l_2 - l_1), \quad b = G_3(l_3 - l_1), \quad c = G_4(l_4 - l_1)$$

und

$$\alpha = 180 - (\alpha_4 - \alpha_3)$$

ist. Der Kurbelwinkel $\alpha_4 - \alpha_3$ ist also nichts anderes als der Nebenwinkel des Winkels, der, in einem Dreieck mit den Seiten $G_2(l_2 - l_1)$, $G_3(l_3 - l_1)$, $G_4(l_4 - l_1)$, der Seite $G_2(l_2 - l_1)$ gegenüber liegt. Nun wird aber in der Trigonometrie aus der Formel

$$\cos \alpha = \frac{b^2 + c^2 - a^2}{2bc}$$

die für die logarithmische Berechnung bequemere Formel:

$$\operatorname{tg} \frac{\alpha}{2} = \sqrt{\frac{(a + c - b)(a + b - c)}{(a + b + c)(b + c - a)}}$$

abgeleitet. Wir können daher auch die Formel (60) durch eine bei mehrstelligen Zahlen für die Berechnung bequemere ersetzen, und, da

$$\operatorname{tg} \frac{180^0 - (\alpha_4 - \alpha_3)}{2} = \operatorname{tg}\left(90^0 - \frac{\alpha_4 - \alpha_3}{2}\right) = \operatorname{cotg} \frac{\alpha_4 - \alpha_3}{2}$$

ist, so lautet dieselbe:

$$(64) \qquad \operatorname{cotg} \frac{\alpha_4 - \alpha_3}{2}$$

$$= \sqrt{\frac{[G_2(l_2 - l_1) + G_4(l_4 - l_1) - G_3(l_3 - l_1)]\,[G_2(l_2 - l_1) + G_3(l_3 - l_1) - G_4(l_4 - l_1)]}{[G_2(l_2 - l_1) + G_3(l_3 - l_1) + G_4(l_4 - l_1)]\,[G_3(l_3 - l_1) + G_4(l_4 - l_1) - G_2(l_2 - l_1)]}}.$$

Eine zweite Formel für $\operatorname{cotg} \frac{a_4 - a_3}{2}$ erhält man aus (61) in derselben Weise. Dieselbe unterscheidet sich von (64) nur dadurch, dass $G_2 (l_2 - l_1)$ durch $G_1 (l_1 - l_2)$, sowie $G_3 (l_3 - l_1)$ durch $G_3 (l_3 - l_2)$ und $G_4 (l_4 - l_1)$ durch $G_4 (l_4 - l_2)$ ersetzt ist. Analog kann man die übrigen Kurbelwinkel durch die Gewichte und die Abstände ausdrücken und zwar jeden zweimal. Nur muss von vornherein darauf geachtet werden, dass die Gewichte und die Abstände nicht sämtlich willkürlich sind, sondern durch die in § 8 abgeleitete Relation miteinander verbunden sind.

Natürlich kann man auch sehr leicht graphisch zum Ziel gelangen. Jeder Kurbelwinkel ist nämlich zweimal Nebenwinkel eines Winkels in einem Dreieck, dessen Seiten sich verhalten wie die Produkte aus je einem Gewichte und einem Abstand. So ist nach (60):

$$G_3 \text{ mit } l_3 - l_1, \quad G_4 \text{ mit } l_4 - l_1, \quad G_2 \text{ mit } l_2 - l_1$$

zu multiplizieren und dann ein Dreieck aus drei Seiten zu konstruieren, die sich verhalten wie die erhaltenen drei Produkte. Dann ist der Winkel zwischen den Kurbeln 3 und 4 der Nebenwinkel desjenigen Dreieckswinkels, der von den Seiten eingeschlossen wird, die sich verhalten wie:

$$G_3 (l_3 - l_1) \text{ zu } G_4 (l_4 - l_1).$$

Diese konstruktive sehr einfache Methode, um die Kurbelwinkel aus den Gewichten und den Abständen zu finden, wird noch weiter vereinfacht, wenn man, der Praxis entsprechend, die Abstände symmetrisch annimmt. Dann werden die Abstände nach den Formeln (49):

$$\text{entweder } L \text{ oder } l \text{ oder } \frac{L + l}{2} \text{ oder } \frac{L - l}{2}.$$

Beim Multiplizieren dieser Abstände mit den Gewichten hat man darauf zu achten, ob der Abstand positiv oder negativ zu rechnen ist. Aus Formel (60) und (61) ergiebt sich dann, dass als Kurbelwinkel:

1. der Dreieckswinkel selbst zu nehmen ist, wenn das Produkt für die eine der beiden einschliessenden Seiten positiv, für die andere negativ ausfällt;

2. der Nebenwinkel des Dreieckswinkels zu nehmen ist, wenn die Produkte für die beiden einschliessenden Seiten beide positiv oder beide negativ ausfallen.

In diesem Falle der symmetrischen Abstände lassen sich die vier Dreiecke, aus denen jeder der Kurbelwinkel zweimal hervorgeht, zu einem vollständigen Viereck vereinigen, so dass es möglich wird, im

Falle der Schlickschen Ausgleichung bei symmetrischen Abständen, aus einer einzigen Figur alle Kurbelwinkel zeichnerisch zu entnehmen. Dies zeigt Figur 11, aus der jeder der vier Winkel

$$a_2 - a_1\,,\quad a_3 - a_2\,,\quad a_4 - a_3\,,\quad a_1 - a_4$$

auf doppelte Weise entnommen werden kann.

Wenn also die vier Gewichte G_1, G_2, G_3, G_4 vorliegen, so hat man zunächst das Verhältnis L zu l aus der Formel (63) zu berechnen. Dann kann man, diesem Verhältnis entsprechend, L und l

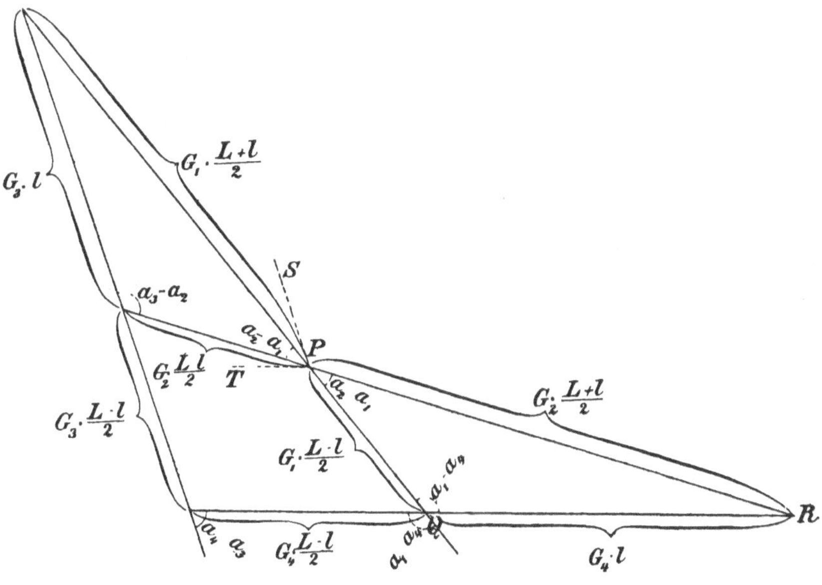

Fig. 11.

gleich zwei ganzen Zahlen setzen. Ebenso kann man, da es ja nur auf die Gewichtsverhältnisse ankommt, G_1, G_2, G_3, G_4 mit vier ganzen Zahlen identifizieren. Dann multipliziere man:

$$G_1 \text{ mit } \frac{L+l}{2}\,,\quad G_2 \text{ mit } \frac{L-l}{2}\,,\quad G_3 \text{ mit } l$$

und konstruiere ein Dreieck, dessen Seiten sich verhalten wie die soeben erhaltenen drei Produkte. Dann verlängere man die $G_1 \cdot \frac{L+l}{2}$ entsprechende Seite um das Produkt $G_1 \cdot \frac{L-l}{2}$, sowie die $G_3 \cdot l$ entsprechende Seite um das Produkt $G_3 \cdot \frac{L-l}{2}$. Die beiden erhaltenen Endpunkte verbinde man und verlängere die Verbindungslinie, bis sie die Verlängerung der $G_2 \cdot \frac{L-l}{2}$ entsprechenden Seite schneidet. Dabei wird von selbst die Verbindungslinie so lang wie $G_4 \cdot \frac{L-l}{2}$ und die Verlängerungen werden so lang wie $G_4 \cdot l$ und wie $G_2 \cdot \frac{L+l}{2}$. Beispielsweise mögen sich die vier Gewichte G_1, G_2, G_3, G_4 verhalten wie

23 zu 25 zu 26 zu 30.

Dann berechnet sich aus Formel (63) das Verhältnis $\frac{L}{l}$ wie folgt:

$$\frac{L}{l} = \frac{G_4^2 - G_3^2}{G_2^2 - G_1^2} = \frac{30^2 - 26^2}{25^2 - 23^2} = \frac{900 - 676}{625 - 529}$$
$$= \frac{224}{96} = \frac{7}{3}.$$

Wir setzen demgemäss $L = 7$, $l = 3$, und haben deshalb $\frac{L+l}{2} = 5$, $\frac{L-l}{2} = 2$ zu setzen. Nun ist:

$$G_1 \cdot \frac{L+l}{2} = 115; \quad G_2 \cdot \frac{L-l}{2} = 50; \quad G_3 \cdot l = 78.$$

Also ist aus 115, 50 und 78 Längeneinheiten ein Dreieck zu konstruieren, und die Seite, die 115 Einheiten lang ist, um

$$G_1 \cdot \frac{L-l}{2} = 46$$

Einheiten zu verlängern, sowie die Seite, die 78 Einheiten lang ist, um

$$G_3 \cdot \frac{L-l}{2} = 52$$

Einheiten zu verlängern. Die Endpunkte sind zu verbinden und die Verbindungslinie ist mit der Seite, die 50 Einheiten lang ist, zum Schnitt zu bringen. Die vier Kurbelwinkel sind nun die Nebenwinkel der Winkel des entstandenen Vierecks. Darüber, welcher von den vier Nebenwinkeln gleich $\alpha_2 - \alpha_1$, $\alpha_3 - \alpha_2$, $\alpha_4 - \alpha_3$ und $\alpha_1 - \alpha_4$ ist, kann kein Zweifel sein, da die aus G_1 und G_2 hervorgehenden Seiten sich unter dem Winkel $\alpha_2 - \alpha_1$ schneiden u. s. w. Um jede Ecke des Vierecks kann man nun leicht das genaue Kurbeldiagramm zeichnen. In der Figur 11 ist es z. B., im umgekehrten Sinne des Uhrzeigers, um P gezeichnet, indem PQ die Richtung der Kurbel 1,

PR die Richtung der Kurbel 2 ist, die Parallele PS zu der auf G_3 bezüglichen Seite die Richtung der Kurbel 3 ist und endlich die Parallele PT zu der auf G_4 bezüglichen Seite die Richtung der Kurbel 4 ist.

Aus den vier Dreiecken der Figur 11 lassen sich nun auch leicht die Kurbelwinkel berechnen, und zwar jeder auf doppelte Weise. Man wendet am besten die unlogarithmische Cosinusformel an, wenn, wie im gewählten Beispiel, die Zahlen für die Gewichte und die Abstände nicht zu gross sind. Für unser Beispiel, wo

$$G_1 = 23\,, \quad G_2 = 25\,, \quad G_3 = 26\,, \quad G_4 = 30\,, \quad L = 7\,, \quad l = 3$$

war, ergiebt sich:

$$\cos(a_2 - a_1) = \frac{50^2 + 115^2 - 78^2}{2 \cdot 115 \cdot 50} = \frac{9641}{11500};$$

$$\cos(a_2 - a_1) = \frac{125^2 + 46^2 - 90^2}{2 \cdot 125 \cdot 46} = \frac{9641}{11500};$$

$$\cos(a_3 - a_2) = \frac{78^2 + 50^2 - 115^2}{2 \cdot 78 \cdot 50} = -\frac{4641}{7800} = -\frac{1547}{2600};$$

$$\cos(a_3 - a_2) = \frac{150^2 - 175^2 - 52^2}{2 \cdot 175 \cdot 52} = -\frac{10829}{18200} = -\frac{1547}{2600};$$

$$\cos(a_4 - a_3) = \frac{175^2 - 52^2 - 150^2}{2 \cdot 52 \cdot 150} = \frac{5421}{15600} = \frac{139}{400};$$

$$\cos(a_4 - a_3) = \frac{161^2 - 130^2 - 60^2}{2 \cdot 130 \cdot 60} = \frac{5421}{15600} = \frac{139}{400};$$

$$\cos(a_1 - a_4) = \frac{130^2 - 161^2 - 60^2}{2 \cdot 161 \cdot 60} = -\frac{12621}{19320} = -\frac{601}{920};$$

$$\cos(a_1 - a_4) = \frac{125^2 - 90^2 - 46^2}{2 \cdot 90 \cdot 46} = -\frac{5409}{8280} = -\frac{601}{920}.$$

Die logarithmische Berechnung der Kurbelwinkel gestaltet sich dann folgendermassen:

1. $\log 9641 = 3{,}98412$
   $\log 11500 = 4{,}06070$
   $9{,}92342 - 10$
   $a_2 - a_1 = 33^0\,2'$

2. $\log 1547 = 3{,}18949$
   $\log 2600 = 3{,}41497$
   $9{,}77452 - 10$
   $180 - (a_3 - a_2) = 53^0\,29'$
   $a_3 - a_2 = 126^0\,31'$

3. $\log 139 = 2{,}14301$
   $\log 400 = 2{,}60206$
   $9{,}54095 - 10$
   $a_4 - a_3 = 69^0\,40'$

4. $\log 601 = 2{,}77887$
   $\log 920 = 2{,}96379$
   $9{,}81508 - 10$
   $180 - (a_1 - a_4) = 49^0\,13'$
   $a_1 - a_4 = 130^0\,47'$

Die Thatsache, dass

$$33^0\,2' + 126^0\,31' + 69^0\,40' + 130^0\,47' = 360^0$$

ist, liefert eine Kontrolle der Berechnung. Die gefundenen Resultate und die Zahlen, aus denen sie hervorgehen, schreibt man am übersichtlichsten dem Kurbeldiagramm und dem Abstandsdiagramm ein, wie die Figur 12 zeigt.

Wenn also bei einer viercylindrigen Schiffsmaschine die Gewichte der hin und hergehenden Teile sich verhalten, wie die in Figur 12 den Strahlen des Kurbeldiagramms beigesetzten Zahlen, wenn ferner

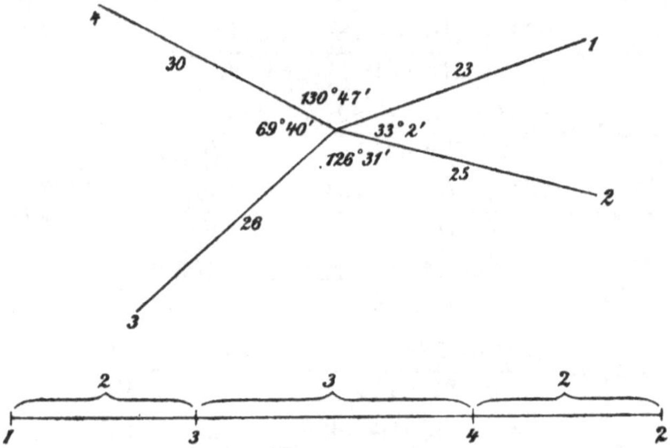

Fig. 12.

die Richtungen der vier Kurbeln die dort angegebenen Winkel miteinander bilden, und wenn endlich die Abstände der Cylinder sich verhalten, wie die dem Abstandsdiagramm der Figur 12 beigesetzten Zahlen, so besitzt die Maschine die im Schlickschen Patent verlangte Ausgleichung, oder, wie man meist sagt, sie ist ausbalanziert. Wohl aber bemerke man, dass nur die primären Massendruckkräfte sich aufheben, oder, was dasselbe ist, sie ist ausbalanziert, insofern die Schubstange gegenüber dem Kurbelradius als unendlich lang angesehen werden kann.

Die vier Bedingungsgleichungen, welche bei einer solchen Ausgleichung erfüllt werden müssen, und von welchen dieser ganze Abschnitt ausgeht, sind genau dieselben, wie die Bedingungsgleichungen, welche erfüllt werden müssen, wenn vier Kräfte sich das Gleichgewicht halten, die an vier Punkten einer starren Geraden (Stange), senkrecht zu der letzteren, angreifen. Alle Entwickelungen und Resultate dieses Abschnittes gelten also auch für solche vier Kräfte, insbesondere auch die Relation, die in § 6 zwischen den Kurbelrichtungen und den zugehörigen Abständen abgeleitet ist, sowie auch die Relation, die in § 8 bewiesen ist, und die allein zwischen den vier Kräften und der Lage der vier Punkte besteht, in denen diese Kräfte angreifen. Bei dieser Übertragung tritt natürlich an die Stelle eines Winkels zwischen zwei Kurbeln der Winkel zwischen den entsprechenden Kraftrichtungen.

§ 10. Symmetrie in dreierlei Hinsicht.

Schon in § 3 ist hervorgehoben, dass bei einer auszugleichenden Schiffsmaschine in dreierlei Hinsicht Symmetrie herrschen kann, erstens bezüglich der Abstände, zweitens bezüglich der Kurbelwinkel, drittens bezüglich der Gewichte. Wir nehmen zunächst an, dass eine vierkurbelige Maschine, welche die Schlicksche Ausgleichung besitzt, bezüglich der Abstände symmetrisch sei.

Wie sich dann aus dem Verhältnis der Abstände und den Verhältnissen der Gewichte die Winkel bestimmen lassen, ist schon am Schluss von § 9 erörtert. Ferner giebt Formel (63) an, wie dann die Relation zwischen den Gewichten und den Abständen sich vereinfacht. § 6 ergiebt am Schluss die auf diesen Fall sich beziehende Relation zwischen dem Abstandsverhältnis und den Kurbelwinkeln. Endlich ergeben die Formeln (54) bis (56), wie bei symmetrischen Abständen aus dem Abstandsverhältnis und den Kurbelwinkeln die Gewichtsverhältnisse folgen.

Wir nehmen zweitens an, dass eine nach Schlicks System ausbalanzierte Schiffsmaschine Symmetrie in den Gewichten zeige, es sei also $G_2 = G_1$ und $G_4 = G_3$. Dann kann man statt der Gleichung (36) die analoge Gleichung:

$$G_1^2 + G_4^2 + 2\,G_1 G_4 \cos(a_1 - a_4) = G_2^2 + G_3^2 + 2\,G_2 G_3 \cos(a_3 - a_2)$$

ansetzen, aus der nun, weil $G_2 = G_1$, $G_4 = G_3$ sein sollte, folgt:

$$\cos(a_1 - a_4) = \cos(a_3 - a_2),$$

woraus, da $a_1 - a_4 + a_3 - a_2$ nicht 360^0 sein kann, geschlossen werden kann, dass die Winkel

$$a_1 - a_4 \quad \text{und} \quad a_3 - a_2$$

gleich sein müssen. Dies sagt aber in Worten aus:

Bei der Schlickschen Ausgleichung zieht die Symmetrie in den Gewichten auch die Symmetrie der Kurbelwinkel nach sich.

Um weitere Schlüsse aus diesem wichtigen Resultate ziehen zu können, ist es am zweckmässigsten, die symmetrischen Kurbelwinkel von der Symmetrielinie aus zu zählen. Wenn wir dann wieder:

$$a_2 - a_1 = \alpha, \quad a_3 - a_2 = \beta, \quad a_4 - a_3 = \gamma, \quad a_1 - a_4 = \delta$$

setzen, so haben wir:

$$a_1 = -\frac{\alpha}{2}, \quad a_2 = +\frac{\alpha}{2}, \quad a_3 = 180 - \frac{\gamma}{2}, \quad a_4 = 180 + \frac{\gamma}{2}.$$

Durch Einsetzen dieser Werte in die vier Grundgleichungen (38) bis (41) dieses Abschnitts erhalten wir, da $G_2 = G_1$, $G_4 = G_3$ vorausgesetzt ist:

(65) $$G_1 \cos\frac{\alpha}{2} + G_1 \cos\frac{\alpha}{2} - G_3 \cos\frac{\gamma}{2} - G_3 \cos\frac{\gamma}{2} = 0,$$

(66) $$-G_1 \sin\frac{\alpha}{2} + G_1 \sin\frac{\alpha}{2} + G_3 \sin\frac{\gamma}{2} - G_3 \sin\frac{\gamma}{2} = 0,$$

(67) $$G_1 l_1 \cos\frac{\alpha}{2} + G_1 l_2 \cos\frac{\alpha}{2} - G_3 l_3 \cos\frac{\gamma}{2} - G_3 l_4 \cos\frac{\gamma}{2} = 0,$$

(68) $$-G_1 l_1 \sin\frac{\alpha}{2} + G_1 l_2 \sin\frac{\alpha}{2} + G_3 l_3 \sin\frac{\gamma}{2} - G_3 l_4 \sin\frac{\gamma}{2} = 0.$$

Aus Gleichung (65) folgt:

(69) $$G_1 \cos\frac{\alpha}{2} = G_3 \cos\frac{\gamma}{2}.$$

Gleichung (66) wird identisch erfüllt.

Gleichung (67) ergiebt:

$$G_1 \cos\frac{\alpha}{2}\left(l_1 + l_2\right) = G_3 \cos\frac{\gamma}{2}\left(l_3 + l_4\right)$$

oder, mit Rücksicht auf (69):

(70) $$l_1 + l_2 = l_3 + l_4 \quad \text{oder} \quad l_1 - l_3 = l_4 - l_2.$$

Gleichung (68) ergiebt:

(71) $$G_1 \sin\frac{\alpha}{2}\left(l_2 - l_1\right) = G_3 \sin\frac{\gamma}{2}\left(l_4 - l_3\right).$$

Die Gleichung (70) drückt aus, dass die Abstände symmetrisch werden. Setzt man demgemäss den Abstand der beiden äusseren Cylinder wieder gleich L, den der beiden inneren gleich l, so ergiebt Formel (71):

$$L \cdot G_1 \sin\frac{\alpha}{2} = l \cdot G_3 \sin\frac{\gamma}{2}.$$

Wir können daher jetzt das folgende Resultat aussprechen:

Bei der Schlickschen Ausgleichung zieht die Symmetrie der Gewichte nicht allein die Symmetrie der Kurbelwinkel, sondern auch die Symmetrie der Abstände nach sich, und es gelten die Gleichungen:

$$G_1 \cos\frac{\alpha}{2} = G_3 \cos\frac{\gamma}{2}, \tag{72}$$

und:

$$L \cdot G_1 \cdot \sin\frac{\alpha}{2} = l \cdot G_3 \cdot \sin\frac{\gamma}{2}, \tag{73}$$

wo G_1 das Gewicht jedes der beiden äusseren Cylinder, G_3 das Gewicht jedes der beiden inneren Cylinder, L den Abstand der beiden äusseren Cylinder, l den Abstand der beiden inneren Cylinder bedeuten, und wo α den Winkel zwischen den Richtungen der beiden äusseren Kurbeln, γ den Winkel zwischen den Richtungen der beiden inneren Kurbeln angeben. Die Winkel β und δ folgen aus:

$$\beta = \delta = 180 - \frac{\gamma + \alpha}{2}.$$

Durch Division folgt aus den beiden Bedingungsgleichungen (72) und (73):

$$L \cdot \operatorname{tg}\frac{\alpha}{2} = l \cdot \operatorname{tg}\frac{\gamma}{2}. \tag{74}$$

Da die beiden Gleichungen (72) und (73) vier Grössen miteinander verknüpfen, nämlich zwei Kurbelwinkel, ein Gewichtsverhältnis und ein Abstandsverhältnis, so können immer zwei von diesen vier Grössen als gegeben, die anderen als gesucht betrachtet werden. Sind zunächst die beiden Kurbelwinkel gegeben, so folgt das Gewichtsverhältnis aus (72), nämlich:

$$\frac{G_1}{G_3} = \frac{\cos\frac{\gamma}{2}}{\cos\frac{\alpha}{2}}, \tag{75}$$

ferner das Abstandsverhältnis aus (74), nämlich:

$$\frac{L}{l} = \frac{\operatorname{tg}\frac{\gamma}{2}}{\operatorname{tg}\frac{\alpha}{2}}. \tag{76}$$

Wenn zweitens ein Kurbelwinkel und das Gewichtsverhältnis gegeben ist, so folgt der andere Kurbelwinkel aus (75) und dann das Abstandsverhältnis aus (76).

Wenn drittens ein Kurbelwinkel und das Abstandsverhältnis gegeben ist, so folgt der andere Kurbelwinkel aus (76) und dann das Gewichtsverhältnis aus (75).

Wenn aber viertens das Gewichtsverhältnis und das Abstandsverhältnis gegeben und die Kurbelwinkel gesucht sind, so müsste erst ein Kurbelwinkel aus (75) und (76) eliminiert werden, ehe man zu einer Lösung dieses vierten Problems gelangen kann. Um die Elimination zu bewerkstelligen, benutzen wir die Formel:

$$1 + \mathrm{tg}^2 \gamma = \frac{1}{\cos^2 \gamma},$$

welche aus:

$$\frac{\cos^2 \gamma + \sin^2 \gamma}{\cos^2 \gamma} = \frac{1}{\cos^2 \gamma}$$

ohne weiteres folgt, wenn man $\frac{\sin \gamma}{\cos \gamma} = \mathrm{tg}\, \gamma$ setzt. Der Kürze wegen setzen wir dabei das Gewichtsverhältnis $\frac{G_1}{G_3} = w$, das Abstandsverhältnis $\frac{L}{l} = v$. Dann erhalten wir, gemäss der eben genannten trigonometrischen Formel:

$$1 + v^2 \,\mathrm{tg}^2 \frac{\alpha}{2} = \frac{1}{w^2 \cos^2 \frac{\alpha}{2}}.$$

Hieraus folgt durch Multiplikation mit $w^2 \cos^2 \frac{\alpha}{2}$:

$$w^2 \cos^2 \frac{\alpha}{2} + w^2 v^2 \sin^2 \frac{\alpha}{2} = 1.$$

Durch Einsetzen von $1 - \cos^2 \frac{\alpha}{2}$ für $\sin^2 \frac{\alpha}{2}$ folgt nun:

$$w^2 \cos^2 \frac{\alpha}{2} - w^2 v^2 \cos^2 \frac{\alpha}{2} = 1 - v^2 w^2$$

oder:

$$\cos^2 \frac{\alpha}{2} \cdot w^2 (v^2 - 1) = v^2 w^2 - 1,$$

woraus folgt:

$$\cos \frac{\alpha}{2} = \frac{1}{w} \sqrt{\frac{v^2 w^2 - 1}{v^2 - 1}}. \tag{77}$$

Deshalb kommt aus (75) nun:

$$\cos\frac{\gamma}{2} = \sqrt{\frac{v^2 w^2 - 1}{v^2 - 1}}. \tag{78}$$

Da v, das Verhältnis des Abstandes der beiden äusseren Cylinder zum Abstand der beiden inneren, naturgemäss > 1 ist, so folgt aus (77) und (78), dass auch $v^2 w^2 > 1$ oder $vw > 1$ sein muss, d. h. $w > \frac{1}{v}$. Da ferner ein Cosinus nicht grösser als 1 sein kann, so folgt aus (78) auch, dass $v^2 w^2 - 1 < v^2 - 1$ oder $v^2 w^2 < v^2$ oder $w^2 < 1$ oder $w < 1$ sein muss. Beide Resultate fassen wir zusammen in die Grenzungleichung:

$$\frac{1}{v} < w < 1, \tag{79}$$

oder, was dasselbe ist:

$$\frac{l}{L} < \frac{G_1}{G_3} < 1. \tag{80}$$

In Worten heisst dieses Resultat:

Bei der symmetrischen Schlickschen Ausgleichung muss das Gewicht für jedes der beiden äusseren Cylinder kleiner sein, als das Gewicht für jedes der beiden inneren Cylinder, jedoch grösser als das Gewicht, das man erhält, wenn man das auf einen inneren Cylinder bezügliche Gewicht durch die Zahl dividiert, welche angiebt, wieviel mal so gross der Abstand der beiden äusseren Cylinder ist, als der Abstand der beiden inneren.

Auch folgt aus (77) und (78), dass die Gewichte nicht alle gleich sein dürfen, denn dann wäre $w = 1$, also $\cos\frac{\alpha}{2} = 1$ und $\cos\frac{\gamma}{2} = 1$, oder $\alpha = 0$, $\gamma = 0$, also $\beta = \delta = 180^0$, was ausgeschlossen ist.

In der Praxis wird man gern die Abstände aller vier Cylinder gleich machen. Dann ist $v = \frac{L}{l} = 3$. Wir erhalten dann aus (80), dass das Gewichtsverhältnis zwischen $\frac{1}{3}$ und 1 liegen muss. Da man aus praktischen Gründen die Gewichte nicht gar zu verschieden wählen wird, so nehmen wir als Beispiel $w = \frac{G_1}{G_3} = \frac{9}{10}$. Dann erhalten wir aus (77) und (78):

$$\cos\frac{\alpha}{2} = \frac{10}{9}\sqrt{\frac{9\cdot\frac{81}{100}-1}{9-1}} = \frac{10}{9}\sqrt{\frac{729-100}{800}} = \frac{1}{9}\sqrt{\frac{629}{8}};$$

$$\cos\frac{\gamma}{2} = \sqrt{\frac{629}{800}} = \frac{1}{10}\sqrt{\frac{629}{8}}.$$

Die numerische Ausrechnung ergiebt:

$$\gamma = 55^0\,4';\ \alpha = 19^0\,43',\ \text{also}\ \beta = \delta = 180 - \frac{\alpha+\gamma}{2} = 142^0\,36\tfrac{1}{2}'.$$

Wenn das Gewichtsverhältnis w sich weiter von 1 entfernt, so wachsen die Winkel α und γ, während β und δ kleiner werden. Es fragt sich, ob β und δ beide zu rechten Winkeln werden können, und, wenn, welche Beziehungen dann zwischen α, γ, v und w bestehen. Um diese Frage zu beantworten, beachten wir, dass in diesem Falle $\alpha + \gamma = 180^0$, also $\frac{\gamma}{2} = 90^0 - \frac{\alpha}{2}$ sein muss. Setzt man dies in (75) ein, so erhält man:

$$w = \frac{G_1}{G_3} = \frac{\cos\left(90 - \frac{\alpha}{2}\right)}{\cos\frac{\alpha}{2}} = \frac{\sin\frac{\alpha}{2}}{\cos\frac{\alpha}{2}} = \operatorname{tg}\frac{\alpha}{2}. \tag{80a}$$

Aus (76) aber erhält man für den Fall $\beta = \delta = 90^0$:

$$v = \frac{L}{l} = \frac{\operatorname{tg}\left(90 - \frac{\alpha}{2}\right)}{\operatorname{tg}\frac{\alpha}{2}} = \frac{\operatorname{cotg}\frac{\alpha}{2}}{\operatorname{tg}\frac{\alpha}{2}} = \operatorname{cotg}^2\frac{\alpha}{2}. \tag{80b}$$

Hieraus folgt:

$$\operatorname{cotg}\frac{\alpha}{2} = \sqrt{v}\ \text{ und} \tag{81}$$

$$w = \sqrt{\frac{1}{v}}\ \text{ oder }\ \frac{G_1}{G_3} = \sqrt{\frac{l}{L}}. \tag{82}$$

Da die symmetrische Schlicksche Ausgleichung mit zwei nicht nebeneinander liegenden rechten Kurbelwinkeln nicht ohne praktisches Interesse ist, so wollen wir durch Formel (82) prüfen, ob auch die dann stattfindende Abhängigkeit des Gewichtsverhältnisses vom Abstandsverhältnis innerhalb der durch die Praxis gegebenen Grenzen liegt. Dies ist in der That der Fall, wie die folgende kleine aus Formel (82) berechnete Tabelle zeigt:

1. Abstandsverhältnis 1 zu 1 zu 1, d. h. $v = 3$, jedes der beiden äusseren Gewichte muss 577 sein, wenn jedes innere 1000 ist;
2. Abstandsverhältnis 3 zu 4 zu 3, d. h. $v = 2\frac{1}{2}$, jedes der beiden äusseren Gewichte muss 632 sein, wenn jedes innere 1000 ist;
3. Abstandsverhältnis 1 zu 2 zu 1, d. h. $v = 2$, jedes der beiden äusseren Gewichte muss 707 sein, wenn jedes innere 1000 ist;
4. Abstandsverhältnis 2 zu 5 zu 2, d. h. $v = \frac{9}{5}$, jedes der beiden äusseren Gewichte muss 745 sein, wenn jedes innere 1000 ist.

In diesen vier Fällen ergiebt sich für die Kurbelwinkel abgerundet:

1. $\alpha = 60^0$, $\beta = 90^0$, $\gamma = 120^0$, $\delta = 90^0$;
2. $\alpha = 64\frac{1}{2}^0$, $\beta = 90^0$, $\gamma = 115\frac{1}{2}^0$, $\delta = 90^0$;
3. $\alpha = 70\frac{1}{2}^0$, $\beta = 90^0$, $\gamma = 109\frac{1}{2}^0$, $\delta = 90^0$;
4. $\alpha = 73\frac{1}{2}^0$, $\beta = 90^0$, $\gamma = 106\frac{1}{2}^0$, $\delta = 90^0$.

In den ersten beiden Fällen ist die Forderung der Praxis, dass kein Gewicht weniger als $\frac{2}{3}$ eines andern betragen darf, nicht erfüllt. In den beiden letzten Fällen jedoch ist diese Forderung erfüllt. Die Bedingung, dass kein Abstand zweier benachbarter Cylinder mehr als das Zweiundeinhalbfache eines andern solchen Abstandes sein darf, ist in allen vier Fällen erfüllt. Der Fall 3 oder 4 ist daher zur praktischen Ausführung zu empfehlen.

§ 11. Mehr als vier Kurbeln.

Da bei Voraussetzung einer Schubstange, die gegenüber dem Kurbelradius als unendlich lang anzusehen ist, die Ausgleichung der Massendruckkräfte schon durch vier Kurbeln erreichbar ist, so ist sie natürlich bei mehr als vier Kurbeln erst recht erreichbar. Wir setzen daher in diesem Falle von vornherein Symmetrie in allen drei Hinsichten voraus, d. h. wir nehmen an, dass die Abstände, die Kurbelwinkel und die Gewichte symmetrisch sind. Wir nehmen zunächst an, dass die Maschine fünfkurbelig sei. Dem in der Mitte befindlichen Cylinder komme das Gewicht A zu, zugleich sei die Richtung der ihm zugehörigen Kurbel die Symmetrieachse für die Richtungen der vier übrigen Kurbeln. Indem wir von der Symmetrieachse aus die Kurbelwinkel rechnen, können wir die Winkel, die die beiden benachbarten Kurbeln mit ihr bilden,

$$+\beta \text{ und } -\beta$$

nennen, und die Winkel, die die beiden sonst noch vorhandenen Kurbeln mit der Symmetrieachse bilden, mit

$$+\gamma \text{ und } -\gamma$$

bezeichnen. Die beiden Gewichte, die den Winkeln $+\beta$ und $-\beta$ zugehören, seien B, und die beiden Gewichte, die den Winkeln $+\gamma$ und $-\gamma$ zugehören, seien C. Die Abstände zählen wir von der Mitte an, und bezeichnen den Abstand des Cylinders, der den Kurbelwinkel $+\beta$ hat, mit b, den Abstand des Cylinders, der den Kurbelwinkel $-\beta$ hat, mit $-b$. Analog gehört c zu $+\gamma$, $-c$ zu $-\gamma$.

Durch die eingeführte Bezeichnung lassen sich die vier Grundgleichungen (38) bis (41) folgendermassen schreiben:

$$A\cos 0^0 + B\cos\beta + C\cos\gamma + C\cos\gamma + B\cos\beta = 0$$
$$A\sin 0^0 + B\sin\beta + C\sin\gamma - C\sin\gamma - B\sin\beta = 0$$
$$A\cdot 0\cdot\cos 0^0 + Bb\cos\beta + Cc\cos\gamma - Cc\cos\gamma - Bb\cos\beta = 0$$
$$A\cdot 0\cdot\sin 0^0 + Bb\sin\beta + Cc\sin\gamma + Cc\sin\gamma + Bb\sin\beta = 0$$

oder:

$$A + 2B\cos\beta + 2C\cos\gamma = 0$$
$$0 = 0$$
$$0 = 0$$
$$2Bb\sin\beta + 2Cc\sin\gamma = 0.$$

Die Ausgleichung ist also erreicht, wenn nur die beiden folgenden Bedingungsgleichungen erfüllt sind:

(83) $$\frac{1}{2}A + B\cos\beta + C\cos\gamma = 0,$$

(84) $$Bb\sin\beta + Cc\sin\gamma = 0.$$

Diese beiden Gleichungen verknüpfen zwei Gewichtsverhältnisse, zwei Kurbelwinkel und ein Abstandsverhältnis, also fünf Grössen miteinander. Folglich können immer drei von diesen fünf Grössen als gegeben, die beiden übrigen als gesucht betrachtet werden. Die Berechnung bietet keine Schwierigkeit, wenn beide Kurbelwinkel oder auch nur ein Kurbelwinkel zu den drei gegebenen Grössen gehört. Wenn aber beide Kurbelwinkel gesucht sind, indem die beiden Gewichtsverhältnisse und das Abstandsverhältnis gegeben sind, so ist erst noch eine Eliminationsarbeit erforderlich, um aus (83) und (84) β und γ einzeln zu berechnen. Wir unterlassen es jedoch, die Elimination im allgemeinen vorzunehmen, um sie in einem besonderen praktisch wichtigen Falle auszuführen. Da es praktisch wünschenswert ist, dass von den Kurbelwinkeln zwei nicht aufeinander folgende 90 Grad betragen, so setzen wir:

$$\gamma = 90^0 + \beta.$$

Dadurch gehen die Gleichungen (83) und (84) in die folgenden über:

$$\frac{1}{2} A + B \cos\beta - C \sin\beta = 0, \tag{85}$$

$$Bb \sin\beta + Cc \cos\beta = 0. \tag{86}$$

Zweitens machen wir die besondere Annahme, dass die Gewichte B und C gleich sind. Dadurch wird aus (86):

$$-\frac{c}{b} = \operatorname{tg}\beta. \tag{87}$$

Hiernach kann aus den gegebenen Abständen β leicht berechnet werden. Aus dem negativen Zeichen in (87) geht hervor, dass, wenn der Cylinder mit dem Kurbelwinkel β rechts von der Mitte sich befindet, sich der Cylinder mit dem Kurbelwinkel $\gamma = 90 + \beta$ links von der Mitte befinden muss. Hat man den Kurbelwinkel β und damit das ganze Kurbeldiagramm bestimmt, so folgt das Verhältnis des mittleren Gewichts zu jedem der vier andern einander gleichen Gewichte aus (85) in folgender Weise. Man beachte, dass $C = B$ ist und dass:

$$\sin\beta - \cos\beta = \sqrt{\sin^2\beta + \cos^2\beta - 2\sin\beta\cos\beta} = \sqrt{1 - \sin 2\beta}$$

ist. Dadurch erhält man aus (85):

$$\frac{A}{B} = 2\sqrt{1 - \sin 2\beta}. \tag{88}$$

Bei der Berechnung von β und $\frac{A}{B}$ aus dem gegebenen Abstandsverhältnis beachte man, dass $\beta > 45^0$, also $2\beta > 90^0$ sein muss, wie aus Gleichung (85) hervorgeht, welche zeigt, dass $\sin\beta - \cos\beta$ positiv ist. Es müssen daher wegen (87) die Cylinder mit den Gewichten C weiter von der Mitte abstehen als die Cylinder mit den Gewichten B. Insbesondere sei darauf aufmerksam gemacht, dass der praktisch sehr brauchbare Fall, dass alle fünf Cylinder gleiche Abstände haben, zu einem praktisch brauchbaren Gewichtsverhältnis $\frac{A}{B}$ führt. Denn dann ist:

$$\frac{-c}{b} = 2,$$

also $\operatorname{tg}\beta = 2$ und deshalb:

$$\cos\beta = \frac{\cos\beta}{\sqrt{\cos^2\beta + \sin^2\beta}} = \frac{1}{\sqrt{1 + \frac{\sin^2\beta}{\cos^2\beta}}} = \frac{1}{\sqrt{1 + \operatorname{tg}^2\beta}} = \frac{1}{\sqrt{1+4}} = \frac{1}{\sqrt{5}}$$

und:

$$\sin\beta = \frac{2}{\sqrt{5}},$$

daher:

$$\sin 2\beta = 2\sin\beta\cos\beta = 2\cdot\frac{2}{\sqrt{5}}\cdot\frac{1}{\sqrt{5}} = \frac{4}{5},$$

und:

$$\frac{A}{B} = 2\sqrt{1 - \sin 2\beta} = 2\sqrt{1 - \frac{4}{5}} = \frac{2}{\sqrt{5}} = \frac{2}{5}\sqrt{5}$$

oder:

$$\frac{A}{B} = 0{,}894.$$

In diesem Falle wird $\beta = 63^0\,26'$. Daher sehen in diesem praktisch wichtigen Falle Abstandsdiagramm und Kurbeldiagramm so aus, wie die Figur 13 zeigt.

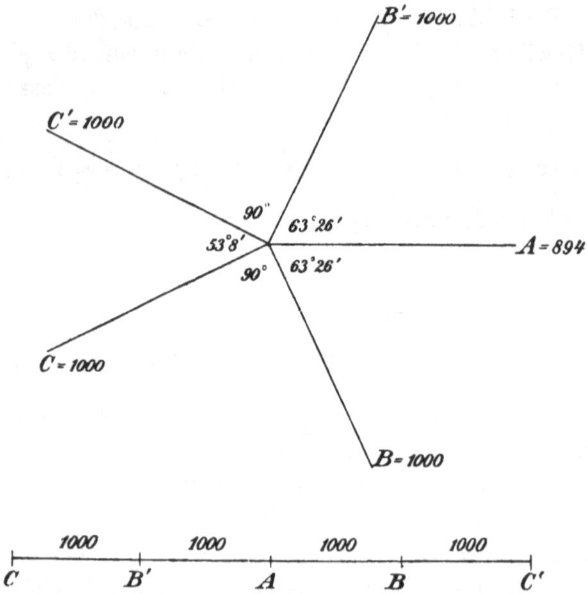

Fig. 13.

In dem eben besprochenen Beispiel waren alle Abstände und vier Gewichte gleich. Dann war das mittlere Gewicht gleich 894 zu setzen, wenn jedes der vier andern 1000 war.

Wenn man umgekehrt alle fünf Gewichte gleich macht, so werden nicht alle Abstände gleich. Das Verhältnis der beiden mittleren zu den beiden äusseren bleibt doch aber in praktisch brauchbaren Grenzen. Denn dann kommt aus (86):

$$\frac{-b}{c} = \operatorname{tg} \beta$$

und aus (85):

$$\frac{1}{2} = \sin \beta - \cos \beta,$$

woraus folgt:

$$\frac{1}{4} = 1 - \sin 2\beta, \text{ wo } 2\beta \text{ über } 90^{0} \text{ sein muss,}$$

oder:

$$\sin 2\beta = \frac{3}{4}; \quad 2\beta = 131^{0}\,24'; \quad \beta = 65^{0}\,42'.$$

Demnach ist:

$$\frac{-b}{c} = \operatorname{tg} 65^{0}\,42' = 2{,}215.$$

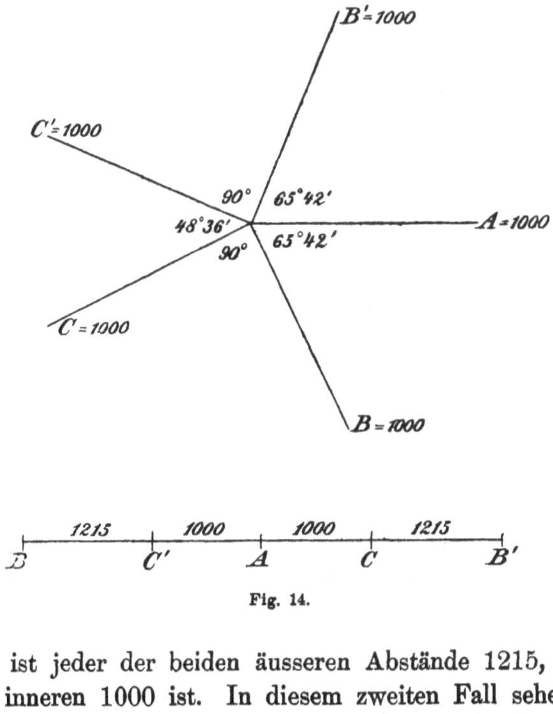

Fig. 14.

Daher ist jeder der beiden äusseren Abstände 1215, wenn jeder der beiden inneren 1000 ist. In diesem zweiten Fall sehen also Abstandsdiagramm und Kurbeldiagramm so aus, wie die Figur 14 zeigt.

Wir gehen nun zur Behandlung der symmetrischen Ausgleichung einer **sechskurbeligen** Maschine über, — Ausgleichung, wie immer in diesem Abschnitt, so verstanden, dass die Schubstange gegenüber dem Kurbelradius als unendlich lang angesehen ist.

Bei sechs Kurbeln, die symmetrische Richtungen haben, hat keine Kurbel die Richtung der Symmetrielinie. Mit ihr mögen die Kurbeln der Reihe nach die Winkel $\alpha, \beta, \gamma, -\gamma, -\beta, -\alpha$ bilden, und die ihnen zugehörigen Gewichte mögen A, B, C, C', B', A' heissen, wo $C' = C$, $B' = B$, $A' = A$ ist. Entsprechend heissen die Abstände der sechs Cylinder von der Mitte a, b, c, c', b', a', und es ist $a' = -a$, $b' = -b$, $c' = -c$. Welche drei von diesen Abständen aber negativ ausfallen werden, wenn etwa a positiv ist, wird erst die Diskussion ergeben. Unsere vier Grundgleichungen ergeben nun:

$$A \cos \alpha + B \cos \beta + C \cos \gamma + C \cos \gamma + B \cos \beta + A \cos \alpha = 0$$
$$A \sin \alpha + B \sin \beta + C \sin \gamma - C \sin \gamma - B \sin \beta - A \sin \alpha = 0$$
$$A \cdot a \cos \alpha + B \cdot b \cos \beta + C \cdot c \cos \gamma - C \cdot c \cos \gamma - B \cdot b \cos \beta - A \cdot a \cos \alpha = 0$$
$$A \cdot a \sin \alpha + B \cdot b \sin \beta + C \cdot c \sin \gamma + C \cdot c \sin \gamma + B \cdot b \sin \beta + A \cdot a \sin \alpha = 0.$$

Man erkennt, dass die zweite und dritte Gleichung identisch erfüllt werden, so dass nur der ersten und vierten Gleichung genügt zu werden braucht. Diese ergeben:

$$A \cos \alpha + B \cos \beta + C \cos \gamma = 0, \tag{89}$$
$$Aa \sin \alpha + Bb \sin \beta + Cc \sin \gamma = 0. \tag{90}$$

Diese beiden Gleichungen verknüpfen zwei Gewichtsverhältnisse, zwei Abstandsverhältnisse und drei Kurbelwinkel, also sieben Grössen. Wir haben daher die Möglichkeit, verschiedene Spezialisierungen, wie sie die Praxis wünschenswert macht, vornehmen zu können, ohne das Problem der Ausgleichung unlösbar zu machen. Wir nehmen zunächst an, dass alle Gewichte gleich sind. Dadurch erhalten wir:

$$\cos \alpha + \cos \beta + \cos \gamma = 0$$
$$a \sin \alpha + b \sin \beta + c \sin \gamma = 0.$$

Zweitens wollen wir auch das Kurbeldiagramm praktisch brauchbar gestalten, indem wir annehmen, dass unter den sechs Kurbelwinkeln, wie sie der Reihe nach im Kurbeldiagramm auftreten, drei rechte Winkel sind, von denen aber keine zwei aufeinander folgen. Dies erreichen wir, wenn wir

$$\beta = 90^0 + \alpha \quad \text{und} \quad \gamma = 135^0$$

setzen. Dadurch wird aus unseren beiden Bedingungsgleichungen:

$$\cos a - \sin a - \frac{1}{2}\sqrt{2} = 0, \tag{91}$$

$$a \sin a + b \cos a + c \cdot \frac{1}{2}\sqrt{2} = 0. \tag{92}$$

Aus (91) ergiebt sich $\sin 2a$ in folgender Weise:

$$\cos^2 a + \sin^2 a - 2 \sin a \cos a = \frac{1}{2}$$

oder:

$$1 - 2 \sin a \cos a = \frac{1}{2}$$

oder:

$$\frac{1}{2} = \sin 2a,$$

woraus folgt, dass $2a = 30^0$, also $a = 15^0$ ist. Um aus diesem Resultat eine Gleichung zwischen den Abstandsverhältnissen zu erhalten, berechnen wir $\cos 15^0$ und $\sin 15^0$. Es ist:

$$\cos 15^0 = \sqrt{\frac{1 + \cos 30^0}{2}} = \sqrt{\frac{1 + \frac{1}{2}\sqrt{3}}{2}} = \frac{1}{2}\sqrt{2 + \sqrt{3}} = \frac{1}{2\sqrt{2}}\sqrt{4 + 2\sqrt{3}}$$

$$= \frac{1}{2\sqrt{2}}(\sqrt{3} + 1) = \frac{1}{4}\sqrt{2}(\sqrt{3} + 1) = \frac{1}{4}(\sqrt{6} + \sqrt{2}).$$

Analog ergiebt sich:

$$\sin 15^0 = \frac{1}{4}(\sqrt{6} - \sqrt{2}).$$

Also wird aus (92):

$$\frac{a}{4}(\sqrt{6} - \sqrt{2}) + \frac{b}{4}(\sqrt{6} + \sqrt{2}) + \frac{c}{2}\sqrt{2} = 0,$$

woraus durch Multiplikation mit $\frac{4}{\sqrt{2}}$ folgt:

$$a(\sqrt{3} - 1) + b(\sqrt{3} + 1) + 2c = 0. \tag{93}$$

Die Koeffizienten in (93) sind drei positive Zahlen. Also muss mindestens einer der drei Abstände a, b, c negativ sein. Wir haben noch die Freiheit, die drei inneren von den fünf Abständen einander gleich zu setzen, indem wir

$$b = 3a$$

setzen. Dann muss natürlich, falls a, also auch b, positiv ist, c negativ sein, und zwar erhalten wir:

$$\sqrt{3} - 1 + 3(\sqrt{3} + 1) = 2 \cdot \frac{-c}{a}$$

oder:

$$4\sqrt{3} + 2 = 2 \cdot \frac{-c}{a}$$

oder:

$$\frac{-c}{a} = 2\sqrt{3} + 1 = 4{,}464.$$

Wir erhalten also die folgenden Abstände von der Mitte:

$$a = 1, \quad b = 3, \quad c' = 4{,}464;$$

also:

$$a' = -1, \quad b' = -3, \quad c' = -4{,}464.$$

Die Abstände verhalten sich also, der Reihe nach, wie:

1,464 zu 2 zu 2 zu 2 zu 1,464

oder wie:

0,732 zu 1 zu 1 zu 1 zu 0,732

oder wie:

732 zu 1000 zu 1000 zu 1000 zu 732.

Daher sieht das Abstandsdiagramm und das Kurbeldiagramm in diesem Falle so aus, wie die Figur 15 zeigt.

Man kann natürlich aus den Gleichungen (89) und (90) noch viele andere praktisch brauchbare Fälle berechnen. Doch dürfte der soeben berechnete zu den denkbar günstigsten gehören. Denn er vereinigt den Vorteil der Gleichheit aller sechs Gewichte mit dem Vorteil des Auftretens von drei rechten Winkeln, von denen keine zwei nebeneinander liegen; und, was die Abstände anbetrifft, so sind sie auch noch innerhalb der von der Praxis gewünschten Grenzen.

Es fragt sich, ob nicht der Vorteil der Gleichheit aller sechs Gewichte mit dem Vorteil der Gleichheit aller fünf Abstände vereinigt werden kann. Die Antwort lautet bejahend, nur dass von den drei rechten Winkeln des Kurbeldiagramms einer geopfert werden muss. Um alle Abstände gleich zu bekommen, haben wir zu setzen:

$$a = 1, \quad b = 3, \quad c' = 5,$$

also:

$$a' = -1, \quad b' = -3, \quad c = -5.$$

Wir nehmen ferner an, dass alle drei Gewichte A, B, C gleich sind, und dass

$$\beta = 90^0 + \alpha$$

ist. Dadurch erhalten wir aus den Gleichungen (89) und (90):

$$\cos\alpha - \sin\alpha + \cos\gamma = 0, \tag{94}$$

$$\sin\alpha + 3\cos\alpha + 5\sin\gamma = 0. \tag{95}$$

Aus diesen beiden Gleichungen ist α und γ zu berechnen, was auf folgende Weise gelingt.

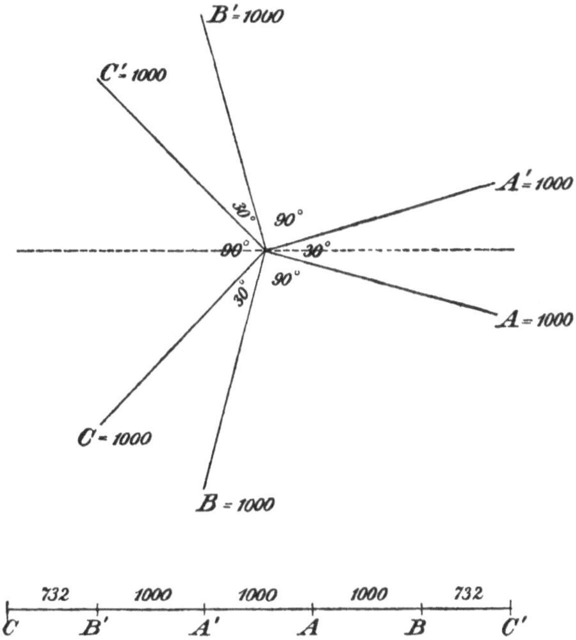

Fig. 15.

Da $\gamma > 90^0 + \alpha$, also stumpf sein muss, so folgt aus (94) zuvor, dass $\cos\alpha - \sin\alpha$ positiv sein muss, also $\alpha < 45^0$ sein muss. Wir schliessen dann aus (94):

$$\cos^2\alpha + \sin^2\alpha - 2\sin\alpha\cos\alpha = \cos^2\gamma$$

oder:

$$1 - \cos^2\gamma = 2\sin\alpha\cos\alpha$$

oder:

$$\sin^2\gamma = 2\sin\alpha\cos\alpha = \sin 2\alpha. \tag{96}$$

Wir transponieren nun in (95) $\cos\gamma$ und quadrieren dann. Dadurch erhalten wir:

$$\sin^2\alpha + 9\cos^2\alpha + 6\sin\alpha\cos\alpha = 25\sin^2\gamma.$$

Hieraus folgt mit Benutzung von (96):

$$\sin^2\alpha + 9\cos^2\alpha + 6\sin\alpha\cos\alpha = 50\sin\alpha\cos\alpha$$

oder:

$$\sin^2\alpha - 44\sin\alpha\cos\alpha + 9\cos^2\alpha = 0. \tag{97}$$

Dividiert man diese Gleichung durch $\cos^2 \alpha$, so erhält man:

$$\text{(98)} \qquad \operatorname{tg}^2 \alpha - 44 \operatorname{tg} \alpha + 9 = 0.$$

Die Auflösung dieser quadratischen Gleichung ergiebt:

$$\operatorname{tg} \alpha = 22 \pm \sqrt{484 - 9} = 22 \pm \sqrt{475} = 22 \pm 5\sqrt{19}.$$

Nun hat das untere Vorzeichen vor der Wurzel keine Geltung, weil, wie oben gezeigt ist, $\alpha < 45^0$, also $\operatorname{tg} \alpha < 1$ sein muss. Wir erhalten daher:

$$\operatorname{tg} \alpha = 22 - 5\sqrt{19} = 0{,}20550,$$

woraus folgt:

$$\alpha = 11^0 37'.$$

Der Winkel γ folgt jetzt aus (96), nämlich:

$$\sin \gamma = \sqrt{\sin 2\alpha} = \sqrt{\sin 23^0 14'},$$

woraus sich ergiebt:

$$\gamma = 180^0 - 38^0 54' = 141^0 6'.$$

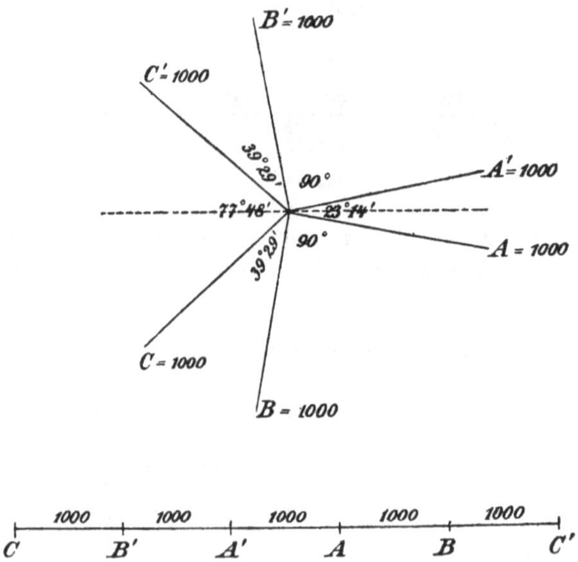

Fig. 16.

Es war hier für γ der **stumpfe** Winkel zu nehmen, dessen Sinus gleich $\sqrt{\sin 2\alpha}$ ist, weil ein Teil von γ ein rechter Winkel ist. Unser Resultat lautet also:

Bei sechskurbeligen Maschinen ist die primäre Ausgleichung, d. h. die, bei welcher die Schubstange als unendlich lang angesehen wird, auch dann erreichbar, wenn alle Gewichte und alle Abstände gleich sind, und wenn ausserdem zwei nicht aufeinander folgende Winkel 90 Grad betragen. Es müssen dann die den beiden innersten Cylindern zugehörigen Kurbeln einen Winkel von $2\alpha = 23^0 14'$ bilden, und die den beiden äussersten Cylindern angehörigen Kurbeln müssen einen Winkel von $2(180 - \gamma) = 77^0 48'$ miteinander bilden. Überhaupt müssen dann das Kurbeldiagramm und das Abstandsdiagramm so aussehen, wie die Figur 16 zeigt.

Auf mehr als sechs Kurbeln einzugehen, hat weder praktisch noch theoretisch Sinn, weil schon bei sechs Cylindern, wie in Abschnitt V gezeigt werden wird, erstens eine völlige Ausgleichung erreichbar ist, d. h. eine solche, bei welcher die Endlichkeit der Schubstange berücksichtigt ist, weil zweitens dabei Symmetrie in den Gewichten, den Abständen und den Kurbelwinkeln erzielt werden kann und weil drittens auch zwei nicht nebeneinander liegende Kurbelwinkel 90 Grad betragen dürfen.

Dritter Abschnitt.

Völlige vertikale Ausgleichung.

(Verschwinden der primären vertikalen und der sekundären vertikalen Kräfte.)

---

§ 12. Symmetrie der Kurbelwinkel und der Gewichte bei drei und bei vier Kurbeln.

Bei der völligen vertikalen Ausgleichung, bei welcher also alle vertikalen Kräfte verschwinden, auch wenn die Schubstange als endlich lang angesehen wird, sind vier Gleichungen zu erfüllen, nämlich die beiden primären und die beiden sekundären Kraftgleichungen. Es muss daher das folgende Gleichungssystem diskutiert werden:

(99) $$G_1 \cos a_1 + G_2 \cos a_2 + G_3 \cos a_3 + \ldots = 0,$$

(100) $$G_1 \sin a_1 + G_2 \sin a_2 + G_3 \sin a_3 + \ldots = 0,$$

(101) $$G_1 \cos 2a_1 + G_2 \cos 2a_2 + G_3 \cos 2a_3 + \ldots = 0,$$

(102) $$G_1 \sin 2a_1 + G_2 \sin 2a_2 + G_3 \sin 2a_3 + \ldots = 0.$$

Wenn zunächst nur zwei Kurbeln an der Schiffsmaschine vorausgesetzt werden, so ist selbstverständlich die Ausgleichung nur erreichbar, wenn die beiden Gewichte gleich sind und der Kurbelwinkel 180 Grad beträgt, ein Fall, der durch die Praxis ausgeschlossen ist (§ 3).

Bei drei Cylindern erkennt man auch ohne weiteres, dass die drei Kurbelrichtungen unter 120 Grad zueinander geneigt sein müssen, und dass die drei Gewichte gleich sein müssen, damit die völlige vertikale Ausgleichung sich ergiebt. Dass sich jedoch in keinem andern Falle die vertikalen Kräfte völlig aufheben können, folgt erst aus der Diskussion der vier Gleichungen (99) bis (102). Wenn man aus (99) und (100) G_3 durch Multiplikation von (99) mit $\sin a_3$, von (100) mit $\cos a_3$ und durch darauffolgende Subtraktion eliminiert, erhält man:

$$G_1 \sin(a_1 - a_3) + G_2 \sin(a_2 - a_3) = 0$$

oder:

$$\frac{G_1}{G_2} = \frac{\sin(a_3 - a_2)}{\sin(a_1 - a_3)}. \tag{103}$$

Genau so erhält man aus (101) und (102):

$$\frac{G_1}{G_2} = \frac{\sin(2a_3 - 2a_2)}{\sin(2a_1 - 2a_3)}. \tag{104}$$

Aus (103) und (104) folgt, nachdem die Formel

$$\sin 2a = 2 \sin a \cos a$$

angewendet ist, die folgende Winkelbeziehung:

$$\frac{2\sin(a_3 - a_2)\cos(a_3 - a_2)}{2\sin(a_1 - a_3)\cos(a_1 - a_3)} = \frac{\sin(a_3 - a_2)}{\sin(a_1 - a_3)}. \tag{105}$$

Nun kann der Sinus keines der beiden auftretenden Winkel Null werden, weil die Winkel nicht 0 Grad und nicht 180 Grad betragen dürfen. Also darf man $\sin(a_3 - a_2)$ und $\sin(a_1 - a_3)$ fortheben, und es ergiebt sich:

$$\cos(a_3 - a_2) = \cos(a_1 - a_3),$$

woraus, da $a_3 - a_2 + a_1 - a_3$ nicht 360^0 sein kann, eindeutig folgt:

$$a_3 - a_2 = a_1 - a_3. \tag{106}$$

Hätte man G_2 statt G_3 eliminiert, so hätte man in derselben Weise an Stelle von (106) erhalten:

$$a_3 - a_2 = a_2 - a_1. \tag{107}$$

Aus (106) und (107) folgt aber, dass der Winkel zwischen den Kurbeln 2 und 3 ebenso gross sein muss wie zwischen den Kurbeln 3 und 1 und wie zwischen den Kurbeln 1 und 2, sodass also die drei Kurbeln die volle Umdrehung von 360 Grad in drei gleiche Teile teilen, also jeder Kurbelwinkel 120 Grad betragen muss. Aus Gleichung (103) und der ihr analogen für $\frac{G_1}{G_3}$ folgt dann weiter, dass die drei Gewichte G_1, G_2, G_3 gleich sein müssen. Da die Diskussion der vier Grundgleichungen, bei Ausschluss von Winkeln von 0 Grad und 180 Grad, auf keine anderen Winkel als 120 Grad führt, so ist damit bewiesen, dass bei dreikurbeligen Maschinen auf andere Weise als wie oben gefunden ist, die völlige vertikale Ausgleichung nicht erreicht werden kann.

Etwas verwickelter gestalten sich die Verhältnisse bei vierkurbeligen Maschinen, wo die vier Grundgleichungen sechs Grössen miteinander verknüpfen, nämlich drei Gewichtsverhältnisse und drei Kurbelwinkel. In diesem Falle können also nur zwei von den sechs Grössen willkürlich gegeben sein, um alle andern zu bestimmen. Insbesondere muss also sowohl zwischen den drei Gewichtsverhältnissen wie auch zwischen den drei Kurbelwinkeln je eine Beziehung bestehen. Da die Ableitung dieser Beziehungen im allgemeinen und überhaupt die Behandlung der vierkurbeligen völligen vertikalen Ausgleichung im Falle der Nichtsymmetrie viel schwerer ist, als die Behandlung der symmetrischen vertikalen Ausgleichung, so beginnen wir hier, im Gegensatz zu Abschnitt II, mit dem Falle, dass die Kurbelwinkel symmetrisch sind.

Wiederum zählen wir, wie in § 11, die symmetrischen Kurbelwinkel von der Symmetrieachse aus, wollen jedoch dabei die durch Schlick, Lorenz und andere historisch gewordene Bezeichnung einführen, indem wir α den Winkel zwischen denjenigen beiden Kurbeln nennen, die zu den beiden gleichen Gewichten A gehören, indem wir zweitens γ den Winkel zwischen denjenigen beiden Kurbeln nennen, die zu den beiden gleichen Gewichten C gehören, während die dazwischen liegenden beiden gleichen Kurbelwinkel β und δ genannt werden, wie die Figur 17 zeigt.

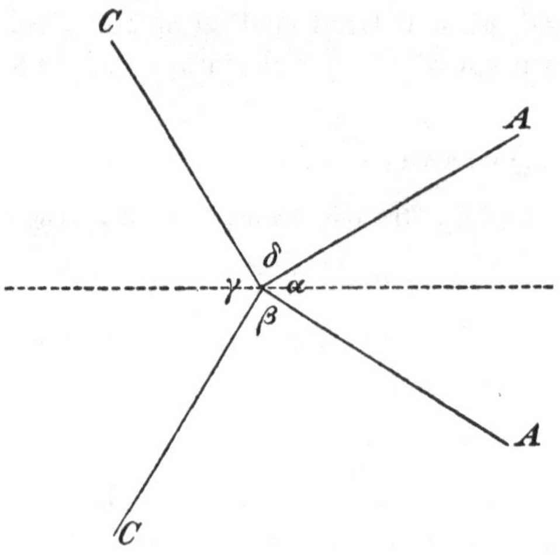

Fig. 17.

Gemäss dieser Bezeichnung haben wir in den vier Grundgleichungen (99) bis (102) einzusetzen:

$$A \text{ für } G_1,\ A \text{ für } G_2,\ C \text{ für } G_3,\ C \text{ für } G_4,$$

und ferner:

$$-\frac{\alpha}{2} \text{ für } a_1,\ +\frac{\alpha}{2} \text{ für } a_2,\ 180-\frac{\gamma}{2} \text{ für } a_3,\ 180+\frac{\gamma}{2} \text{ für } a_4 .$$

Dadurch wird aus den vier Grundgleichungen:

$$A\cos\frac{\alpha}{2} + A\cos\frac{\alpha}{2} - C\cos\frac{\gamma}{2} - C\cos\frac{\gamma}{2} = 0$$

$$-A\sin\frac{\alpha}{2} + A\sin\frac{\alpha}{2} + C\sin\frac{\gamma}{2} - C\sin\frac{\gamma}{2} = 0$$

$$A\cos\alpha + A\cos\alpha + C\cos\gamma + C\cos\gamma = 0$$

$$-A\sin\alpha + A\sin\alpha - C\sin\gamma + C\sin\gamma = 0.$$

Da die zweite und die vierte dieser vier Gleichungen von selbst erfüllt werden, so ist nur die erste und die dritte zu erfüllen. Diese aber lassen sich so schreiben:

$$A\cos\frac{\alpha}{2} = C\cos\frac{\gamma}{2}, \tag{108}$$

$$A\cos\alpha = -C\cos\gamma. \tag{109}$$

Dies sind zwei Gleichungen, welche drei Grössen miteinander verbinden, nämlich das Gewichtsverhältnis $\frac{C}{A}$ und die beiden Kurbelwinkel α und γ. Es kann daher jeder Kurbelwinkel aus dem Gewichtsverhältnis $\frac{C}{A}$ berechnet werden, und zwischen den beiden Kurbelwinkeln α und γ besteht eine Beziehung, die wir zunächst ableiten wollen, indem wir (109) durch (108) dividieren. Dadurch erhalten wir zunächst:

$$\frac{\cos\alpha}{\cos\frac{\alpha}{2}} = -\frac{\cos\gamma}{\cos\frac{\gamma}{2}}$$

oder:

$$\frac{2\cos^2\frac{\alpha}{2} - 1}{\cos\frac{\alpha}{2}} = -\frac{2\cos^2\frac{\gamma}{2} - 1}{\cos\frac{\gamma}{2}}$$

oder:

$$2\cos^2\frac{\alpha}{2}\cos\frac{\gamma}{2} - \cos\frac{\gamma}{2} = -2\cos^2\frac{\gamma}{2}\cos\frac{\alpha}{2} + \cos\frac{\alpha}{2}$$

oder:

$$2\cos\frac{\alpha}{2}\cos\frac{\gamma}{2}\left(\cos\frac{\alpha}{2} + \cos\frac{\gamma}{2}\right) = \left(\cos\frac{\alpha}{2} + \cos\frac{\gamma}{2}\right)\cdot 1. \tag{110}$$

Da beide Seiten der Gleichung (110) den Faktor $\cos\frac{\alpha}{2} + \cos\frac{\gamma}{2}$ enthalten, so wird (110) auf zweierlei Weise erfüllt, erstens, indem man

$$\cos\frac{\alpha}{2} + \cos\frac{\gamma}{2} = 0 \tag{111}$$

setzt. Zweitens wird (110) auch erfüllt, wenn man den gemeinsamen Faktor $\cos\frac{\alpha}{2} + \cos\frac{\gamma}{2}$ beiderseits fortlässt, d. h. aber, wenn

$$2\cos\frac{\alpha}{2}\cos\frac{\gamma}{2} = 1$$

ist. Die Gleichung (111) kann aber nicht erfüllt werden, denn es müsste sonst

$$\cos\frac{\alpha}{2} = -\cos\frac{\gamma}{2}$$

sein, d. h. $\frac{\gamma}{2} = 180 \pm \frac{\alpha}{2}$, d. h. die Summe oder die Differenz von γ und α müsste 360 Grad betragen. Da nun aber

$$\alpha + \beta + \delta + \gamma = 360^0$$

sein muss, so ist dies unmöglich, denn β und δ müssen positive Winkel sein, nicht aber Null oder gar negativ. So bleibt also nur übrig:

$$2\cos\frac{\alpha}{2}\cos\frac{\gamma}{2} = 1\,. \tag{112}$$

Diese schon vor mir von Schlick gefundene Gleichung ist ein Spezialfall der später in § 13 abzuleitenden allgemeinen Beziehung (Formel (132)) zwischen den Kurbelwinkeln einer vertikal ausgeglichenen vierkurbeligen Maschine.

Die Gleichung (112) ergiebt nun auch, im Verein mit (108), die Gleichungen, welche jeden Kurbelwinkel einzeln durch das Gewichtsverhältnis ausdrücken. Multipliziert man nämlich beide Gleichungen, so erhält man:

$$2A\cos^2\frac{\alpha}{2}\cos\frac{\gamma}{2} = C\cos\frac{\gamma}{2}\,.$$

Nun kann $\cos\frac{\gamma}{2}$ nicht Null sein, weil sonst wegen (112) $\cos\frac{\alpha}{2}$ unendlich gross würde. Also darf der Faktor $\cos\frac{\gamma}{2}$ beiderseits fortgelassen werden, und es ergiebt sich:

$$2A\cos^2\frac{\alpha}{2} = C,$$

oder:

$$\cos^2\frac{\alpha}{2} = \frac{C}{2A},$$

oder:

$$\cos\frac{\alpha}{2} = \sqrt{\frac{C}{2A}}, \tag{113}$$

und zwar ist der Quadratwurzel nur das Pluszeichen zu geben, weil sonst $\frac{\alpha}{2}$ mehr als 90 Grad betragen müsste, dadurch wegen (112) auch $\frac{\gamma}{2}$ mehr als 90 Grad betragen müsste, also $\gamma + \alpha$ grösser als 360 Grad würde. Analog erhält man, dass:

$$\cos\frac{\gamma}{2} = \sqrt{\frac{A}{2C}} \tag{114}$$

sein muss. Die Multiplikation von (113) und (114) ergiebt (112), also eine Bestätigung.

Die Frage, ob beide Gewichte C und A, also dadurch auch alle vier Gewichte, gleich sein können, ist zu verneinen. Denn dann würden:

$$\cos\frac{\alpha}{2} = \sqrt{\frac{1}{2}} \quad \text{und} \quad \cos\frac{\gamma}{2} = \sqrt{\frac{1}{2}},$$

also $\frac{\alpha}{2} = 45^0$ und $\frac{\gamma}{2} = 45^0$, also würden dann α und γ beide zu rechten Winkeln, also auch β und δ, die ja gleich sind, zu rechten Winkeln. Dies widerspricht aber dem praktischen Erfordernis, dass zwei Kurbeln nicht genau entgegengesetzte Richtungen haben dürfen. Auch können β und δ nicht allein je 90 Grad betragen, denn dann wäre $\alpha + \gamma = 180$ oder $\frac{\gamma}{2} = 90 - \frac{\alpha}{2}$, und es würde aus Gleichung (112):

$$2\cos\frac{\alpha}{2}\sin\frac{\alpha}{2} = 1 \quad \text{oder} \quad \sin\alpha = 1,$$

oder $\alpha = 90$ Grad, was wieder dazu führte, dass alle vier Winkel je 90 Grad betragen, was den Erfordernissen der Praxis widerspricht.

Die Gleichungen (113) und (114) ergeben auch, dass das grössere der beiden Gewichte kleiner sein muss als das Doppelte des kleineren. Denn nach (113) muss

$$\frac{C}{2A} < 1 \quad \text{oder} \quad \frac{C}{A} < 2$$

sein, und nach (114) muss

$$\frac{A}{2C} < 1 \quad \text{oder} \quad \frac{1}{2} < \frac{C}{A}$$

sein. Beide Resultate zusammengefasst, ergeben:

$$\frac{1}{2} < \frac{C}{A} < 2$$

oder, was dasselbe ist, jedes der beiden Gewichte muss zwar grösser sein als die Hälfte des anderen, aber doch kleiner als das Doppelte des anderen, nur dürfen sie nicht gleich sein, wie schon oben gezeigt ist.

Auch jeder der beiden Winkel liegt zwischen bestimmten Grenzen. Zunächst kann man erkennen, dass von den beiden Winkeln α und γ der eine spitz, der andere stumpf sein muss. Denn wären sie beide spitz, müsste $\cos\frac{\alpha}{2} \cdot \cos\frac{\gamma}{2} > \sqrt{\frac{1}{2}} \cdot \sqrt{\frac{1}{2}}$, also $> \frac{1}{2}$ sein. Nach Formel (112) muss aber $\cos\frac{\alpha}{2} \cdot \cos\frac{\gamma}{2} = \frac{1}{2}$ sein. Wären sie beide stumpf, müsste $\cos\frac{\alpha}{2} \cdot \cos\frac{\gamma}{2} < \sqrt{\frac{1}{2}} \cdot \sqrt{\frac{1}{2}}$, also $< \frac{1}{2}$ sein, was auch Formel (112) widerspricht. Es sei nun α der spitze, γ der stumpfe Winkel. Dann muss $\frac{\alpha}{2}$ zwischen 0^0 und 45^0 liegen, also $\cos\frac{\alpha}{2}$ zwischen 1 und $\sqrt{\frac{1}{2}}$, daher

$$\cos\frac{\gamma}{2} = \frac{1}{2\cos\frac{\alpha}{2}} \quad \text{zwischen} \quad \frac{1}{2} \quad \text{und} \quad \frac{1}{2\sqrt{\frac{1}{2}}} = \frac{1}{2}\sqrt{2},$$

also $\frac{\gamma}{2}$ zwischen 60^0 und 45^0, also γ zwischen 120^0 und 90^0. Wenn also α von etwas über 0^0 bis nahe an 90^0 wächst, nimmt γ von etwas unter 120^0 bis wenig über 90^0 ab.

Als erstes Beispiel wollen wir annehmen, dass das Gewicht C $\frac{11}{10}$ vom Gewicht A betrage. Dann erhält man aus (113):

$$\cos\frac{\alpha}{2} = \sqrt{\frac{11}{20}} = \frac{1}{10}\sqrt{55} = 0{,}74162,$$

also:

$$\frac{\alpha}{2} = 42^0\,8' \quad \text{oder} \quad \alpha = 84^0\,16'.$$

Ferner erhält man aus (114):

$$\cos\frac{\gamma}{2} = \sqrt{\frac{10}{22}} = \sqrt{\frac{5}{11}} = \frac{1}{11}\sqrt{55} = 0{,}67420,$$

also:

$$\frac{\gamma}{2} = 47^0\,36\tfrac{1}{2}' \quad \text{oder} \quad \gamma = 95^0\,13',$$

woraus sich ergiebt:

$$\beta = \delta = 90^0\,15\tfrac{1}{2}'.$$

Entfernt sich α und γ noch weiter von 90 Grad, so wird das Verhältnis $\frac{C}{A}$ immer mehr verschieden von 1. Naheliegend ist die Annahme $\alpha = 60^0$, also $\frac{\alpha}{2} = 30^0$ und

$$\cos\frac{\gamma}{2} = \frac{1}{2\cos 30^0} = \frac{1}{2\cdot\frac{1}{2}\sqrt{3}} = \frac{1}{\sqrt{3}} = \frac{1}{3}\sqrt{3},$$

woraus sich ergiebt:

$$\frac{\gamma}{2} = 54^0\,44', \quad \text{also} \quad \gamma = 109^0\,28'.$$

Für $\frac{C}{A}$ kommt dann $2\cdot\cos^2\frac{\alpha}{2} = 2\cdot\left(\frac{1}{2}\sqrt{3}\right)^2 = \frac{3}{2}$. Jedes von zwei Gewichten müsste also um 50 Prozent schwerer sein als das Gewicht jedes der beiden andern, wodurch die Grenze, die wir in den Forderungen der Praxis (§ 3) aufgestellt haben, gerade erreicht wäre.

§ 13. Die Relation zwischen den Kurbelwinkeln bei vier Kurbeln im Fall der Nichtsymmetrie.

Schon in § 12 ist hervorgehoben, dass zwischen den Kurbelwinkeln eine besondere Relation bestehen muss, damit die völlige vertikale Ausgleichung möglich sei, d. h.: wenn zwei Kurbelwinkel gegeben sind, so sind die beiden übrigen dadurch bestimmt. Der Kenner der Determinantentheorie wird die fragliche Relation aus den vier Grundgleichungen:

$$(115)\qquad G_1\sin\ a_1 + G_2\sin\ a_2 + G_3\sin\ a_3 + G_4\sin\ a_4 = 0,$$

$$(116)\qquad G_1\cos\ a_1 + G_2\cos\ a_2 + G_3\cos\ a_3 + G_4\cos\ a_4 = 0,$$

$$(117)\qquad G_1\sin 2a_1 + G_2\sin 2a_2 + G_3\sin 2a_3 + G_4\sin 2a_4 = 0,$$

$$(118)\qquad G_1\cos 2a_1 + G_2\cos 2a_2 + G_3\cos 2a_3 + G_4\cos 2a_4 = 0$$

dadurch ableiten, dass er die aus den viermal vier Koeffizienten der vier Gewichte G_1, G_2, G_3, G_4 gebildete Determinante gleich Null setzt, was immer richtig ist, wenn, was hier der Fall, die Grössen G_1, G_2, G_3, G_4 von Null verschieden sind. Man kann jedoch auch auf elementarem Wege die gesuchte Relation ableiten, nur ist der Weg etwas länger, wie das Folgende zeigt.

Zunächst kann man aus (115) und (116) Gleichungen ableiten, die zwischen den Sinussen der Differenzen der a bestehen, wie das schon in § 4 (Formel (27) bis (29)) gezeigt ist. Die so ableitbaren Gleichungen schreiben wir, indem wir G_1 bevorzugen, in folgender Form:

$$G_1 \sin(a_1 - a_2) = - G_3 \sin(a_3 - a_2) - G_4 \sin(a_4 - a_2), \tag{119}$$

$$G_1 \sin(a_1 - a_3) = - G_2 \sin(a_2 - a_3) - G_4 \sin(a_4 - a_3), \tag{120}$$

$$G_1 \sin(a_1 - a_4) = - G_2 \sin(a_2 - a_4) - G_3 \sin(a_3 - a_4). \tag{121}$$

In derselben Weise erhält man aus (117) und (118) die folgenden drei Gleichungen:

$$G_1 \sin(2a_1 - 2a_2) = - G_3 \sin(2a_3 - 2a_2) - G_4 \sin(2a_4 - 2a_2), \tag{122}$$

$$G_1 \sin(2a_1 - 2a_3) = - G_2 \sin(2a_2 - 2a_3) - G_4 \sin(2a_4 - 2a_3), \tag{123}$$

$$G_1 \sin(2a_1 - 2a_4) = - G_2 \sin(2a_2 - 2a_4) - G_3 \sin(2a_3 - 2a_4). \tag{124}$$

Multipliziert man nun:

(119) mit $\sin(2a_3 - 2a_4)$,
(120) mit $\sin(2a_4 - 2a_2)$,
(121) mit $\sin(2a_2 - 2a_3)$,

ferner:

(122) mit $\sin(a_3 - a_4)$,
(123) mit $\sin(a_4 - a_2)$,
(124) mit $\sin(a_2 - a_3)$

und addiert dann alle sechs Gleichungen, so wird auf der rechten Seite $- G_2$ mit der folgenden Summe multipliziert:

$$\sin(a_2 - a_3)\sin(2a_4 - 2a_2) + \sin(a_2 - a_4)\sin(2a_2 - 2a_3)$$
$$+ \sin(2a_2 - 2a_3)\sin(a_4 - a_2) + \sin(2a_2 - 2a_4)\sin(a_2 - a_3).$$

Diese Summe ist aber Null, weil:

$$\sin(2a_4 - 2a_2) = - \sin(2a_2 - 2a_4)$$

ist, und weil:

$$\sin(a_2 - a_4) = - \sin(a_4 - a_2)$$

ist. Daher verschwindet nach der Summierung G_2 auf der rechten Seite gänzlich. Ebenso ist es mit G_3 und mit G_4. Denn als Koeffizient von $- G_3$ erscheint die Summe:

$$\sin(a_3 - a_2)\sin(2a_3 - 2a_4) + \sin(a_3 - a_4)\sin(2a_2 - 2a_3)$$
$$+ \sin(2a_3 - 2a_2)\sin(a_3 - a_4) + \sin(2a_3 - 2a_4)\sin(a_2 - a_3),$$

die sich wiederum auf Null reduziert, weil

$$\sin(a_3 - a_2) = - \sin(a_2 - a_3)$$

ist und weil

$$\sin(2a_2 - 2a_3) = - \sin(2a_3 - 2a_2)$$

ist. Als Koeffizient von $-G_4$ endlich erscheint die Summe:

$$\sin(a_4 - a_2)\sin(2a_3 - 2a_4) + \sin(a_4 - a_3)\sin(2a_4 - 2a_2)$$
$$+ \sin(2a_4 - 2a_2)\sin(a_3 - a_4) + \sin(2a_4 - 2a_3)\sin(a_4 - a_2),$$

die auch den Wert Null bekommt, weil:

$$\sin(a_4 - a_3) = - \sin(a_3 - a_4)$$

ist und weil:

$$\sin(2a_3 - 2a_4) = - \sin(2a_4 - 2a_3)$$

ist.

So hat sich also ergeben, dass die linke Seite der Summe jener sechs Gleichungen gleich Null wird, und da G_1 nicht Null sein kann, so erhalten wir die Relation:

$$\begin{aligned}
&\sin(a_1 - a_2)\sin(2a_3 - 2a_4) + \sin(a_3 - a_4)\sin(2a_1 - 2a_2)\\
(125)\quad &+ \sin(a_1 - a_3)\sin(2a_4 - 2a_2) + \sin(a_4 - a_2)\sin(2a_1 - 2a_3)\\
&+ \sin(a_1 - a_4)\sin(2a_2 - 2a_3) + \sin(a_2 - a_3)\sin(2a_1 - 2a_4) = 0.
\end{aligned}$$

Um diese Relation zu vereinfachen, setzen wir wieder die Buchstaben $\alpha, \beta, \gamma, \delta$ der Reihe nach für die Winkel zwischen den aufeinander folgenden Kurbeln 1, 2, 3, 4, also:

$$a_2 - a_1 = \alpha, \quad a_3 - a_2 = \beta, \quad a_4 - a_3 = \gamma, \quad a_1 - a_4 = \delta,$$

demnach auch: $a_3 - a_1 = \alpha + \beta$, $a_2 - a_4 = \alpha + \delta$. Dadurch wird aus (125):

$$\begin{aligned}
&[\sin\alpha \sin 2\gamma + \sin\gamma \sin 2\alpha]\\
(126)\quad &+ [\sin(\alpha + \beta)\sin(2\alpha + 2\delta) + \sin(\alpha + \delta)\sin(2\alpha + 2\beta)]\\
&- [\sin\delta \sin 2\beta + \sin\beta \sin 2\delta] = 0.
\end{aligned}$$

Hieraus ergiebt sich durch die Formel $\sin 2\varepsilon = 2\sin\varepsilon\cos\varepsilon$:

$$\begin{aligned}
&2\sin\alpha\sin\gamma[\cos\gamma + \cos\alpha]\\
&+ 2\sin(\alpha+\beta)\sin(\alpha+\delta)[\cos(\alpha+\delta) + \cos(\alpha+\beta)]\\
&- 2\sin\delta\sin\beta[\cos\beta + \cos\delta] = 0.
\end{aligned}$$

Hieraus erhält man dadurch, dass man die Formel

$$2\sin\varepsilon\sin\eta = \cos(\varepsilon - \eta) - \cos(\varepsilon + \eta)$$

anwendet:

$$\begin{aligned}&[\cos(\gamma-\alpha)-\cos(\gamma+\alpha)][\cos\gamma+\cos\alpha]\\ (127)\qquad &+[\cos(\beta-\delta)-\cos(2\alpha+\beta+\delta)][\cos(\alpha+\delta)+\cos(\alpha+\beta)]\\ &-[\cos(\beta-\delta)-\cos(\beta+\delta)][\cos\beta+\cos\delta]=0\,.\end{aligned}$$

Nun wenden wir für die ersten Faktoren der drei in (127) stehenden Produkte die Formel

$$\cos\varepsilon-\cos\eta=\left(2\cos^2\frac{\varepsilon}{2}-1\right)-\left(2\cos^2\frac{\eta}{2}-1\right)=2\cos^2\frac{\varepsilon}{2}-2\cos^2\frac{\eta}{2}$$

an. Dadurch erhalten wir nach Division durch 2:

$$\begin{aligned}&\left[\cos^2\frac{\gamma-\alpha}{2}-\cos^2\frac{\gamma+\alpha}{2}\right]\left[\cos\gamma+\cos\alpha\right]\\ &+\left[\cos^2\frac{\beta-\delta}{2}-\cos^2\frac{2\alpha+\beta+\delta}{2}\right]\left[\cos(\alpha+\delta)+\cos(\alpha+\beta)\right]\\ &-\left[\cos^2\frac{\beta-\delta}{2}-\cos^2\frac{\beta+\delta}{2}\right]\left[\cos\beta+\cos\delta\right]=0\,.\end{aligned}$$

Nun setzen wir:

$$\begin{aligned}\cos^2\frac{2\alpha+\beta+\delta}{2}&=\cos^2\left(\alpha+\frac{\beta+\delta}{2}\right)=\cos^2\left(\alpha+180-\frac{\alpha}{2}-\frac{\gamma}{2}\right)\\ &=\cos^2\left(180-\frac{\gamma-\alpha}{2}\right)=\cos^2\frac{\gamma-\alpha}{2}\,.\end{aligned}$$

Ferner wenden wir auf die zweiten Faktoren der drei Produkte die Formel

$$\cos\varepsilon+\cos\eta=2\cos\frac{\varepsilon+\eta}{2}\cos\frac{\varepsilon-\eta}{2}$$

an. Dadurch ergiebt sich:

$$\begin{aligned}&\left[\cos^2\frac{\gamma-\alpha}{2}-\cos^2\frac{\gamma+\alpha}{2}\right]\cdot 2\cos\frac{\gamma+\alpha}{2}\cdot\cos\frac{\gamma-\alpha}{2}\\ &+\left[\cos^2\frac{\beta-\delta}{2}-\cos^2\frac{\gamma-\alpha}{2}\right]\cdot 2\cos\frac{2\alpha+\beta+\delta}{2}\cdot\cos\frac{\beta-\delta}{2}\\ &-\left[\cos^2\frac{\beta-\delta}{2}-\cos^2\frac{\beta+\delta}{2}\right]\cdot 2\cos\frac{\beta+\delta}{2}\cdot\cos\frac{\beta-\delta}{2}=0\,.\end{aligned}$$

Nun setzen wir noch:

$$\begin{aligned}\cos\frac{2\alpha+\beta+\delta}{2}&=\cos\left(\alpha+\frac{\beta+\delta}{2}\right)=\cos\left(\alpha+180-\frac{\alpha}{2}-\frac{\gamma}{2}\right)\\ &=\cos\left(180-\frac{\gamma-\alpha}{2}\right)=-\cos\frac{\gamma-\alpha}{2}\,.\end{aligned}$$

So erhalten wir:

$$
\begin{aligned}
&\left[\cos^2\frac{\gamma-\alpha}{2}-\cos^2\frac{\gamma+\alpha}{2}\right]\cos\frac{\gamma+\alpha}{2}\cos\frac{\gamma-\alpha}{2}\\
(128)\qquad &-\left[\cos^2\frac{\beta-\delta}{2}-\cos^2\frac{\gamma-\alpha}{2}\right]\cos\frac{\gamma-\alpha}{2}\cos\frac{\beta-\delta}{2}\\
&-\left[\cos^2\frac{\beta-\delta}{2}-\cos^2\frac{\beta+\delta}{2}\right]\cos\frac{\beta+\delta}{2}\cos\frac{\beta-\delta}{2}=0.
\end{aligned}
$$

Nun ist $\cos\frac{\beta+\delta}{2}=-\cos\frac{\gamma+\alpha}{2}$ zu setzen, weil die vier halben Winkel α, β, γ, δ zusammen 180 Grad betragen. Der besseren Übersicht wegen wollen wir nun

$$\cos\frac{\gamma+\alpha}{2}=x,\quad \cos\frac{\gamma-\alpha}{2}=y,\quad \cos\frac{\beta-\delta}{2}=z$$

setzen. Dadurch erhalten wir aus (128):

$$(129)\qquad (y^2-x^2)xy-(z^2-y^2)yz+(z^2-x^2)xz=0.$$

Der hier gleich Null gesetzte Ausdruck lässt sich nun in ein Produkt verwandeln. Man erkennt nämlich, dass er auf folgende Weise zu einem Produkte wird:

$$
\begin{aligned}
&(y-x)(y+x)xy-z^3y+z^3x+y^3z-x^3z\\
&=(y-x)(y+x)xy-z^3(y-x)+z(y^3-x^3)\\
&=(y-x)[xy^2+x^2y-z^3+(y^2+yx+x^2)z]\\
&=(y-x)[y^2(x+z)+xy(x+z)+z(x^2-z^2)]\\
&=(y-x)(x+z)[y^2+xy+zx-z^2]\\
&=(y-x)(x+z)[(y+z)(y-z)+x(y+z)]\\
&=(y-x)(x+z)(y+z)[y+x-z].
\end{aligned}
$$

Hieraus erkennen wir, dass der in (128) gleich Null gesetzte Ausdruck gleich dem Produkte der folgenden vier Faktoren ist:

1. $\cos\frac{\gamma-\alpha}{2}-\cos\frac{\gamma+\alpha}{2}$,

2. $\cos\frac{\gamma+\alpha}{2}+\cos\frac{\beta-\delta}{2}$,

3. $\cos\frac{\gamma-\alpha}{2}+\cos\frac{\beta-\delta}{2}$,

4. $\cos\frac{\gamma-\alpha}{2}+\cos\frac{\gamma+\alpha}{2}-\cos\frac{\beta-\delta}{2}$.

Zur Erreichung des völligen Verschwindens der Vertikalkräfte ist also erforderlich, dass mindestens einer dieser Faktoren gleich Null sei. Nun lässt sich aber nachweisen, dass keiner der ersten drei Faktoren Null sein kann, wenn man die durch die Praxis bedingte Annahme macht, dass keine Kurbelrichtung einer andern parallel sein darf. Denn:

1. Wäre

$$0 = \cos\frac{\gamma - \alpha}{2} - \cos\frac{\gamma + \alpha}{2} = 2\sin\frac{\gamma}{2}\sin\frac{\alpha}{2},$$

so hätte dies zur Folge, dass γ oder α Null sein müsste, d. h. Kurbelrichtung 1 und 2 oder Kurbelrichtung 3 und 4 parallel;

2. Wäre

$$0 = \cos\frac{\gamma + \alpha}{2} + \cos\frac{\beta - \delta}{2} = 2\cos\frac{\gamma + \alpha + \beta - \delta}{4}\cos\frac{\gamma + \alpha - \beta + \delta}{4}$$

$$= 2\cos\frac{360 - 2\delta}{4}\cos\frac{360 - 2\beta}{4} = 2\cos\left(90 - \frac{\delta}{2}\right)\cos\left(90 - \frac{\beta}{2}\right)$$

$$= 2\sin\frac{\delta}{2}\sin\frac{\beta}{2},$$

so hätte dies zur Folge, dass δ oder β Null sein müsste, d. h. Kurbelrichtung 2 und 3 oder 4 und 1 parallel;

3. Wäre

$$0 = \cos\frac{\gamma - \alpha}{2} + \cos\frac{\beta - \delta}{2} = 2\cos\frac{\gamma + \beta - \alpha - \delta}{4}\cos\frac{\gamma + \delta - \alpha - \beta}{4}$$

$$= 2\cos\frac{360 - 2\alpha - 2\delta}{4}\cos\frac{360 - 2\alpha - 2\beta}{4}$$

$$= 2\cos\left(90 - \frac{\alpha}{2} - \frac{\delta}{2}\right)\cos\left(90 - \frac{\alpha}{2} - \frac{\beta}{2}\right) = 2\sin\frac{\alpha + \delta}{2}\sin\frac{\alpha + \beta}{2},$$

so hätte dies zur Folge, dass $\alpha + \delta$ oder $\alpha + \beta$ Null sein müsste, d. h. Kurbelrichtung 1 und 3 oder 4 und 2 parallel.

Da also die drei ersten Faktoren nicht Null sein können, so muss es der vierte sein. Es ist also:

$$\cos\frac{\gamma - \alpha}{2} + \cos\frac{\gamma + \alpha}{2} - \cos\frac{\beta - \delta}{2} = 0. \tag{130}$$

Dies ist also die gesuchte Relation, die zwischen den Kurbelwinkeln bestehen muss, damit eine völlige vertikale Ausgleichung möglich sei. Da die Relation zwischen den Kurbelwinkeln symmetrisch sein muss, so muss natürlich auch die Relation richtig sein, die aus (130) hervorgeht, indem an die Stelle von γ und α die Winkel β und δ und umgekehrt treten. Diese Relation würde also heissen:

$$\cos\frac{\beta-\delta}{2}+\cos\frac{\beta+\delta}{2}-\cos\frac{\gamma-\alpha}{2}=0. \tag{131}$$

Man erkennt, dass diese Relation mit der in (130) gefundenen identisch ist, wenn man beachtet, dass

$$\cos\frac{\beta+\delta}{2}=\cos\left(180-\frac{\gamma+\alpha}{2}\right)=-\cos\frac{\gamma+\alpha}{2}$$

sein muss.

Indem wir benutzen, dass

$$\cos\frac{\gamma-\alpha}{2}+\cos\frac{\gamma+\alpha}{2}=2\cos\frac{\gamma}{2}\cos\frac{\alpha}{2}$$

sein muss, wollen wir an Stelle von (130) die folgende Form schreiben:

$$2\cos\frac{\gamma}{2}\cos\frac{\alpha}{2}=\cos\frac{\beta-\delta}{2}\quad\text{oder}\quad=\cos\frac{\delta-\beta}{2}. \tag{132}$$

Diese Relation ist eine Verallgemeinerung der schon in § 12 gefundenen Formel (112). Letztere geht aus (132) hervor, wenn $\delta=\beta$ angenommen wird.

Die Relation (132) dient dazu, aus zwei gegebenen Kurbelwinkeln die beiden andern zu berechnen. Sind die gegebenen Kurbelwinkel gegenüberliegend, wie γ und α, so findet man aus (131) $\frac{\beta-\delta}{2}$ und kann dann β und δ finden, indem man

$$\frac{\beta+\delta}{2}=180-\frac{\gamma+\alpha}{2} \tag{133}$$

berechnet. Aus $\frac{\beta-\delta}{2}$ und $\frac{\beta+\delta}{2}$ ergiebt sich β durch Addition, δ durch Subtraktion. Ebenso findet man γ und α aus β und δ durch die Formeln (131) und (133). Auch wenn der Winkel $\alpha+\beta$ zwischen den Kurbeln 1 und 3 und der Winkel $\alpha+\delta$ zwischen den Kurbeln 2 und 4 gegeben ist, lassen sich alle Kurbelwinkel leicht finden, denn:

$$(\alpha+\beta)-(\alpha+\delta)=\beta-\delta$$

und

$$(\alpha+\beta)+(\alpha+\delta)=\alpha+360-\gamma=360-(\gamma-\alpha).$$

Dann benutzt man, dass

$$\cos\frac{\beta-\delta}{2}-\cos\frac{\gamma-\alpha}{2}=\cos\frac{\gamma+\alpha}{2}$$

sein muss, findet so $\frac{\gamma+\alpha}{2}$, also auch

$$\frac{\beta+\delta}{2}=180-\frac{\gamma+\alpha}{2},$$

und kann nunmehr γ und α aus $\frac{\gamma+\alpha}{2}$ und $\frac{\gamma-\alpha}{2}$, sowie auch β und δ aus $\frac{\beta+\delta}{2}$ und $\frac{\beta-\delta}{2}$ durch Addition und Subtraktion berechnen.

Wenn aber zwei benachbarte Winkel gegeben sind, wie etwa α und β, so kann man γ auf folgendem Wege finden. Man setze $\delta=360-\alpha-\beta-\gamma$ in (132) ein. Dann kommt:

$$2\cos\frac{\gamma}{2}\cos\frac{\alpha}{2}=\cos\left(\frac{\beta}{2}-180+\frac{\alpha}{2}+\frac{\beta}{2}+\frac{\gamma}{2}\right)$$

$$=\cos\left(\beta+\frac{\alpha}{2}+\frac{\gamma}{2}-180\right)=-\cos\left(\beta+\frac{\alpha}{2}+\frac{\gamma}{2}\right)$$

$$=-\cos\left(\beta+\frac{\alpha}{2}\right)\cos\frac{\gamma}{2}+\sin\left(\beta+\frac{\alpha}{2}\right)\sin\frac{\gamma}{2}.$$

Dividiert man nun durch $\cos\frac{\gamma}{2}$, so erhält man:

$$2\cos\frac{\alpha}{2}=-\cos\left(\beta+\frac{\alpha}{2}\right)+\sin\left(\beta+\frac{\alpha}{2}\right)\cdot\operatorname{tg}\frac{\gamma}{2},$$

woraus folgt:

$$\text{(134)}\qquad \operatorname{tg}\frac{\gamma}{2}=\frac{2\cos\frac{\alpha}{2}+\cos\left(\beta+\frac{\alpha}{2}\right)}{\sin\left(\beta+\frac{\alpha}{2}\right)}.$$

Nachdem man γ aus (134) gefunden hat, bestimmt man δ aus:

$$\delta=360-\alpha-\beta-\gamma.$$

Wir fügen noch einige Beispiele für die Berechnung der übrigen Kurbelwinkel aus zwei gegebenen Kurbelwinkeln hinzu.

1. Wenn $\alpha=90^{0}$ und $\gamma=90^{0}$, so ist:

$$\cos\frac{\beta-\delta}{2}=2\cos 45^{0}\cdot\cos 45^{0}=2\cdot\frac{1}{2}\sqrt{2}\cdot\frac{1}{2}\sqrt{2}=1,$$

also $\frac{\beta-\delta}{2}=0$, während $\frac{\beta+\delta}{2}=90^{0}$ ist, woraus hervorgeht, dass $\beta=90^{0}$, $\delta=90^{0}$ ist. Da aber $\alpha+\beta$ nun 180^{0} betragen muss und ebenso $\alpha+\delta$, so müssten die Kurbeln 1 und 3 ebenso wie 2 und 4 entgegengesetzt gerichtet sein, was durch die Praxis ausgeschlossen ist.

2. Wenn $\alpha = 90^0$ ist, so muss, falls keine Symmetrie herrschen soll, also $\cos\frac{\beta-\delta}{2} < 1$ sein soll, γ stumpf sein. Denn es kommt dann:

$$2 \cdot \frac{1}{2}\sqrt{2} \cdot \cos\frac{\gamma}{2} < 1, \text{ also } \cos\frac{\gamma}{2} < \frac{1}{2}\sqrt{2},$$

d. h. $\frac{\gamma}{2} > 45^0$ oder $\gamma > 90^0$.

3. Mit Rücksicht auf Beispiel 2 wählen wir $\alpha = 90^0$, $\gamma = 95^0$. Dann kommt:

$$\cos\frac{\beta-\delta}{2} = 2 \cdot \frac{1}{2}\sqrt{2}\cos 47\tfrac{1}{2}^0 = \sqrt{2}\cos 47\tfrac{1}{2}^0,$$

woraus folgt, dass $\frac{\beta-\delta}{2} = 17^0\,10'$ ist. Da ferner

$$\frac{\beta+\delta}{2} = 180^0 - 45^0 - 47\tfrac{1}{2}^0 = 87\tfrac{1}{2}^0$$

sein muss, so erhält man $\beta = 104^0\,40'$, $\delta = 70^0\,20'$.

4. Wenn α von 90^0 bis 0^0 abnimmt, muss γ von 90^0 bis über 120^0 wachsen und, wenn α 60^0 ist, muss $\gamma > 109^0\,28'$, weil einerseits $2 \cdot \frac{1}{2}\sqrt{3}\cos\frac{\gamma}{2} < 1$ ergiebt, dass $\cos\frac{\gamma}{2} < \frac{1}{3}\sqrt{3}$, also $\frac{\gamma}{2} > 54^0\,44'$ sein muss, und weil andererseits $2 \cdot 1 \cdot \cos\frac{\gamma}{2} < 1$ ergiebt, dass $\cos\frac{\gamma}{2} < \frac{1}{2}$, also $\frac{\gamma}{2} > 60^0$, demnach $\gamma > 120^0$.

5. Wir wählen noch $\alpha = 60^0$, $\gamma = 110^0$. Dann erhalten wir:

$$\frac{\beta-\delta}{2} = 6^0\,33\tfrac{1}{2}',$$

also $\frac{\beta+\delta}{2} = 95^0$ ist, $\beta = 101^0\,33\frac{1}{2}'$ und $\delta = 88^0\,26\frac{1}{2}'$.

6. Endlich noch ein Beispiel, in dem zwei aufeinander folgende Winkel gegeben sind. Es sei $\alpha = 90^0$, $\beta = 60^0$. Dann erhalten wir:

$$\operatorname{tg}\frac{\gamma}{2} = \frac{2\cos 45^0 + \cos 105^0}{\sin 105^0} = 1{,}19615,$$

also $\frac{\gamma}{2} = 50^0\,6\frac{1}{2}'$ oder $\gamma = 100^0\,13'$.

Der Kontrolle wegen rechnet man am besten auch $\frac{\delta}{2}$ direkt aus der (134) analogen Formel aus, nämlich aus:

$$\operatorname{tg}\frac{\delta}{2} = \frac{2\cos\frac{\beta}{2} + \cos\left(\alpha + \frac{\beta}{2}\right)}{\sin\left(\alpha + \frac{\beta}{2}\right)} = \frac{2\cos 30^0 + \cos 120^0}{\sin 120^0} = 1{,}42265,$$

woraus $\frac{\delta}{2} = 54^0\, 53\frac{1}{2}'$, also $\delta = 109^0\, 47'$ folgt. Die Kontrolle besteht nun darin, dass

$$90^0 \text{ und } 60^0 \text{ und } 100^0\, 13' \text{ und } 109^0\, 47'$$

zusammen 360^0 betragen.

§ 14. Berechnung der Gewichtsverhältnisse aus den Kurbelwinkeln.

Wenn bei nichtsymmetrischer Anordnung der Kurbelwinkel diese berechnet vorliegen, indem zwei gegeben waren und die andern beiden durch die in § 13 abgeleitete und besprochene Relation berechnet sind, so gelangt man zur Berechnung der Gewichtsverhältnisse auf folgendem Wege.

Transponiert man in (115) und (116) die G_3 und G_4 enthaltenden Glieder nach rechts, quadriert dann jede der beiden entstandenen Gleichungen und addiert darauf, so erhält man:

$$\begin{aligned} &G_1^2(\sin^2 a_1 + \cos^2 a_1) + G_2^2(\sin^2 a_2 + \cos^2 a_2) \\ &\qquad + 2G_1G_2(\sin a_1 \sin a_2 + \cos a_1 \cos a_2) \\ &= G_3^2(\sin^2 a_3 + \cos^2 a_3) + G_4^2(\sin^2 a_4 + \cos^2 a_4) \\ &\qquad + 2G_3G_4(\sin a_3 \sin a_4 + \cos a_3 \cos a_4) \end{aligned}$$

oder:

$$\begin{aligned} &G_1^2 + G_2^2 + 2G_1G_2\cos(a_2 - a_1) \\ &= G_3^2 + G_4^2 + 2G_3G_4\cos(a_4 - a_3). \end{aligned} \tag{135}$$

Genau so erhält man aus (117) und (118):

$$\begin{aligned} &G_1^2 + G_2^2 + 2G_1G_2\cos(2a_2 - 2a_1) \\ &= G_3^2 + G_4^2 + 2G_3G_4\cos(2a_4 - 2a_3). \end{aligned} \tag{136}$$

Wenn man nun (136) von (135) subtrahiert, so erhält man nach Division durch 2:

$$\begin{aligned} &G_1G_2[\cos(a_2 - a_1) - \cos(2a_2 - 2a_1)] \\ &= G_3G_4[\cos(a_4 - a_3) - \cos(2a_4 - 2a_3)]. \end{aligned} \tag{137}$$

Der Kürze wegen setzen wir wieder:

$$a_2 - a_1 = \alpha,\quad a_3 - a_2 = \beta,\quad a_4 - a_3 = \gamma,\quad a_1 - a_4 = \delta.$$

Dann erhalten wir:

(138) $$G_1 G_2 (\cos a - \cos 2a) = G_3 G_4 (\cos \gamma - \cos 2\gamma).$$

Wir wenden nun die Formel

$$\cos \varepsilon - \cos \eta = 2 \sin \frac{\eta + \varepsilon}{2} \sin \frac{\eta - \varepsilon}{2}$$

rechts und links an. Dadurch erhalten wir aus (138):

(139) $$G_1 G_2 \sin \frac{3}{2} a \sin \frac{a}{2} = G_3 G_4 \sin \frac{3}{2} \gamma \sin \frac{\gamma}{2}.$$

Genau so kann man ableiten:

(140) $$G_1 G_4 \sin \frac{3}{2} \delta \sin \frac{\delta}{2} = G_2 G_3 \sin \frac{3}{2} \beta \sin \frac{\beta}{2},$$

und, indem man anfangs G_1 und G_3 links behält, G_2 und G_4 aber nach rechts transponiert:

(141) $$G_1 G_3 \sin \frac{3}{2} (a + \beta) \sin \frac{1}{2} (a + \beta) = G_2 G_4 \sin \frac{3}{2} (a + \delta) \sin \frac{1}{2} (a + \delta).$$

Multipliziert man nun (139) mit (140) und hebt dabei durch G_2 und G_4, so erhält man:

$$G_1^2 \sin \frac{3}{2} a \sin \frac{a}{2} \sin \frac{3}{2} \delta \sin \frac{\delta}{2} = G_3^2 \sin \frac{3}{2} \gamma \sin \frac{\gamma}{2} \sin \frac{3}{2} \beta \sin \frac{\beta}{2}.$$

Hieraus folgt aber:

(142) $$\frac{G_3}{G_1} = \sqrt{\frac{\sin \frac{3}{2} a \sin \frac{a}{2} \sin \frac{3}{2} \delta \sin \frac{\delta}{2}}{\sin \frac{3}{2} \gamma \sin \frac{\gamma}{2} \sin \frac{3}{2} \beta \sin \frac{\beta}{2}}}.$$

Ebenso erhält man durch Multiplikation von (140) mit (141):

(143) $$\frac{G_2}{G_1} = \sqrt{\frac{\sin \frac{3}{2} \delta \sin \frac{\delta}{2} \sin \frac{3}{2} (a + \beta) \sin \frac{1}{2} (a + \beta)}{\sin \frac{3}{2} \beta \sin \frac{\beta}{2} \sin \frac{3}{2} (a + \delta) \sin \frac{1}{2} (a + \delta)}}.$$

Endlich erhält man durch Multiplikation von (139) mit (141):

(144) $$\frac{G_4}{G_1} = \sqrt{\frac{\sin \frac{3}{2} a \cdot \sin \frac{a}{2} \cdot \sin \frac{3}{2} (a + \beta) \cdot \sin \frac{1}{2} (a + \beta)}{\sin \frac{3}{2} \gamma \cdot \sin \frac{\gamma}{2} \cdot \sin \frac{3}{2} (a + \delta) \cdot \sin \frac{1}{2} (a + \delta)}}.$$

Die Formeln (142) bis (144) sind für die logarithmische Berechnung bequem. Wir führen nun noch ein Beispiel der Berechnung der Gewichtsverhältnisse rechnerisch durch. Dabei wählen wir wieder

$$\alpha = 90^0, \quad \gamma = 95^0$$

als die gegebenen Kurbelwinkel. Schon am Schluss von § 13 erhielten wir unter Nr. 3 aus der Relation zwischen den Kurbelwinkeln die zugehörigen Winkel β und δ, nämlich $\beta = 104^0 40'$, $\delta = 70^0 20'$. Hiernach haben wir also:

$$\alpha = 90^0, \quad \beta = 104^0 40', \quad \gamma = 95^0, \quad \delta = 70^0 20',$$
$$\alpha + \beta = 194^0 40' \quad \alpha + \delta = 160^0 20',$$

und deshalb:

$$\frac{\alpha}{2} = 45^0, \quad \frac{\beta}{2} = 52^0 20', \quad \frac{\gamma}{2} = 47^0 30', \quad \frac{\delta}{2} = 35^0 10',$$
$$\frac{\alpha + \beta}{2} = 97^0 20', \quad \frac{\alpha + \delta}{2} = 80^0 10',$$

sowie:

$$\frac{3}{2}\alpha = 135^0, \quad \frac{3}{2}\beta = 157^0, \quad \frac{3}{2}\gamma = 142^0 30', \quad \frac{3}{2}\delta = 105^0 30',$$
$$\frac{3}{2}(\alpha + \beta) = 292^0, \quad \frac{3}{2}(\alpha + \delta) = 240^0 30'.$$

Bezeichnen wir nun $\log\sin\frac{3}{2}\alpha + \log\sin\frac{\alpha}{2}$ kurz mit (α) und führen wir ferner die Zeichen (β), (γ), (δ), $(\alpha + \beta)$, $(\alpha + \delta)$ ein, welche die analoge Bedeutung haben sollen, so erhalten wir aus (142), (143), (144):

$$\log G_3 - \log G_1 = \frac{1}{2}[(\alpha) + (\delta) - (\gamma) - (\beta)] = 0{,}15041,$$

$$\log G_2 - \log G_1 = \frac{1}{2}[(\delta) + (\alpha + \beta) - (\beta) - (\alpha + \delta)] = 0{,}14213,$$

$$\log G_4 - \log G_1 = \frac{1}{2}[(\alpha) + (\alpha + \beta) - (\gamma) - (\alpha + \delta)] = 0{,}03861.$$

Hieraus folgt dann:

$$G_3 : G_1 = 1{,}414; \quad G_2 : G_1 = 1{,}387; \quad G_4 : G_1 = 1{,}093.$$

Wählt man also das Gewicht $G_1 = 1000$, so hat man $G_2 = 1387$, $G_3 = 1414$ und $G_4 = 1093$ zu wählen, um bei den Kurbelwinkeln $\alpha = 90^0$, $\gamma = 95^0$, $\beta = 104^0 40'$, $\delta = 70^0 20'$ die völlige vertikale Ausgleichung zu erzielen.

Die Kontrolle der Berechnung liefern die sechs Formeln (119) bis (124), welche nach Einführung der Abkürzungen:

$$a_2 - a_1 = \alpha, \quad a_3 - a_2 = \beta, \quad a_4 - a_3 = \gamma, \quad a_1 - a_4 = \delta$$

folgendermassen lauten:

$$G_1 \sin \alpha = + G_3 \sin \beta - G_4 \sin(\alpha + \delta);$$
$$G_1 \sin(\alpha + \beta) = - G_2 \sin \beta + G_4 \sin \gamma;$$
$$G_1 \sin \delta = - G_2 \sin(\alpha + \delta) + G_3 \sin \gamma;$$
$$G_1 \sin 2\alpha = + G_3 \sin 2\beta - G_4 \sin(2\alpha + 2\delta);$$
$$G_1 \sin(2\alpha + 2\beta) = - G_2 \sin 2\beta + G_4 \sin 2\gamma;$$
$$G_1 \sin 2\delta = - G_2 \sin(2\alpha + 2\delta) + G_3 \sin 2\gamma.$$

Man erhält nun:

$$G_1 \sin \alpha = 1{,}000; \quad G_1 \sin(\alpha + \beta) = -0{,}253; \quad G_1 \sin \delta = 0{,}941;$$
$$G_2 \sin \beta = 1{,}342; \quad G_2 \sin(\alpha + \delta) = 0{,}467;$$
$$G_3 \sin \beta = 1{,}368; \quad G_3 \sin \gamma = 1{,}408;$$
$$G_4 \sin(\alpha + \delta) = 0{,}368; \quad G_4 \sin \gamma = 1{,}089;$$

$$G_1 \sin 2\alpha = 0{,}000; \quad G_1 \sin(2\alpha + 2\beta) = 0{,}490; \quad G_1 \sin 2\delta = 0{,}634;$$
$$G_2 \sin 2\beta = -0{,}680; \quad G_2 \sin(2\alpha + 2\delta) = -0{,}879;$$
$$G_3 \sin 2\beta = -0{,}693; \quad G_3 \sin 2\gamma = -0{,}245;$$
$$G_4 \sin(2\alpha + 2\delta) = -0{,}693; \quad G_4 \sin 2\gamma = -0{,}190.$$

Durch Einsetzen dieser Werte in die sechs Formeln erhält man sechs Kontrollen.

Schon in § 12 ist hervorgehoben, dass auch zwischen den vier Gewichten, oder, was dasselbe ist, den drei Gewichtsverhältnissen eine Relation bestehen muss. Denn zwischen den drei Kurbelwinkeln und den drei Gewichtsverhältnissen bestehen vier Gleichungen, so dass immer je drei dieser sechs Grössen durch eine Relation verbunden sein müssen. Der Verfasser hat die Relation zwischen den drei Gewichtsverhältnissen aufgestellt, indem er den Cosinus und den Sinus jedes halben Kurbelwinkels vermittelst der Formeln (135) und (136) durch die Gewichtsverhältnisse ausdrückte und dann die erhaltenen Ausdrücke in die in § 13 abgeleitete Relation (Formel (132)) einsetzte. Diese Relation ist jedoch so kompliziert, und die Berechnung eines Gewichtsverhältnisses aus den beiden andern führt auf eine Gleichung von so hohem Grade, dass an eine derartige Berechnung für praktische Zwecke nie wird gedacht werden können. Ebenso führt die Berechnung, falls ein Kurbelwinkel und ein Gewichtsverhältnis gegeben sind, auf eine Gleichung von sehr hohem Grade. Man ist daher darauf angewiesen, vermittelst der oben erörterten Methode von zwei gegebenen Kurbelwinkeln auszugehen, um richtige Gewichtsverhältnisse zu finden, die zu einer völligen vertikalen Ausgleichung führen. Alles dies bezieht sich natürlich nur auf den Fall, dass keine Symmetrie herrschen soll. Für Symmetrie in den Kurbelwinkeln und in den Gewichten ist jede denkbare Berechnung äusserst einfach, wie in § 12 ausführlich erörtert ist.

§ 15. Symmetrie bei fünf Kurbeln.

Wenn fünf Kurbelrichtungen symmetrisch sein sollen, muss eine mit der Symmetrieachse übereinstimmen. Das auf diese Kurbelrichtung bezügliche Gewicht sei A. Dann folge im Sinne des Uhrzeigers die Kurbelrichtung, auf die sich das Gewicht B bezieht, dann die auf C bezügliche, dann die auf C', bezügliche Kurbelrichtung, endlich die auf B' bezügliche Kurbelrichtung. Ferner mögen:

$$+\beta \quad \text{und} \quad -\beta$$

die Winkel sein, welche die auf B und B' bezüglichen Kurbelrichtungen mit der Symmetrieachse bilden. Endlich mögen:

$$+\gamma \quad \text{und} \quad -\gamma$$

die Winkel sein, welche die auf C und C' bezüglichen Kurbelrichtungen mit der Symmetrieachse bilden. Es sollen nun die Gewichte B' und B einander gleich sein, ebenso C' mit C. Deshalb wird aus den grundlegenden Gleichungen (99) bis (102) dieses Abschnittes:

$$(145)\quad A \cdot \cos 0^0 + B \cdot \cos \beta + C \cdot \cos \gamma + C \cdot \cos \gamma + B \cdot \cos \beta = 0.$$

$$(146)\quad A \cdot \sin 0^0 + B \cdot \sin \beta + C \cdot \sin \gamma - C \cdot \sin \gamma - B \cdot \sin \beta = 0.$$

$$(147)\quad A \cdot \cos 0^0 + B \cdot \cos 2\beta + C \cdot \cos 2\gamma + C \cdot \cos 2\gamma + B \cdot \cos 2\beta = 0.$$

$$(148)\quad A \cdot \sin 0^0 + B \cdot \sin 2\beta + C \cdot \sin 2\gamma - C \cdot \sin 2\gamma - B \cdot \sin 2\beta = 0.$$

Die Gleichungen (146) und (148) werden identisch erfüllt. Es handelt sich also nur noch darum, die Gleichungen (145) und (147) zu erfüllen. Diese aber lassen sich folgendermassen schreiben:

$$(149)\qquad \frac{1}{2} A + B \cos \beta + C \cos \gamma = 0,$$

$$(150)\qquad \frac{1}{2} A + B \cos 2\beta + C \cos 2\gamma = 0.$$

Diese beiden Gleichungen verknüpfen zwei Kurbelwinkel und zwei Gewichtsverhältnisse, so dass also immer zwei von diesen vier Grössen als gegeben, die beiden andern als gesucht betrachtet werden können. Wir verzichten darauf, die beiden Gleichungen (149) und (150) im allgemeinen zu behandeln, wir beschränken uns vielmehr auf die Erörterung einiger spezieller Fälle.

Zunächst sei $A = B = C$, also alle Gewichtsverhältnisse gleich 1. Dann kommt:

$$\frac{1}{2} + \cos\beta + \cos\gamma = 0,$$

$$\frac{1}{2} + 2\cos^2\beta + 2\cos^2\gamma - 2 = 0,$$

oder:

$$\cos\beta + \cos\gamma = -\frac{1}{2}, \tag{151}$$

$$\cos^2\beta + \cos^2\gamma = \frac{3}{4}. \tag{152}$$

Wenn man nun (151) quadriert und dann (152) subtrahiert, erhält man:

$$2\cos\beta\cos\gamma = -\frac{1}{2}. \tag{153}$$

Subtrahiert man nun (153) von (152), so erhält man:

$$(\cos\beta - \cos\gamma)^2 = \frac{5}{4}$$

oder:

$$\cos\beta - \cos\gamma = \pm\frac{1}{2}\sqrt{5}. \tag{154}$$

Aus (151) und (154) ergiebt sich nun:

$$\cos\beta = -\frac{1}{4} \pm \frac{1}{4}\sqrt{5},$$

$$\cos\gamma = -\frac{1}{4} \mp \frac{1}{4}\sqrt{5},$$

und, da $\gamma > \beta$, also $\cos\gamma < \cos\beta$ ist:

$$\cos\beta = -\frac{1}{4} + \frac{1}{4}\sqrt{5},$$

$$\cos\gamma = -\left(\frac{1}{4} + \frac{1}{4}\sqrt{5}\right),$$

woraus folgt:

$$\beta = 72^0, \ \gamma = 144^0.$$

Hieraus geht der folgende Satz hervor:

Bei fünf Cylindern mit fünf gleichen Gewichten der hin und her gehenden Teile wird die völlige vertikale Ausgleichung dadurch erreicht, dass die fünf Kurbeln unter je 72^0 zu einander geneigt sind, also den vollen Winkel von 360^0 in fünf gleiche Teile teilen.

Zweitens wollen wir mit unseren Gleichungen (149) und (150) prüfen, ob es erreichbar ist, dass unter den Kurbelwinkeln zwei Winkel, die nicht benachbart sind, rechte Winkel sind. Wenn dies der Fall sein soll, muss $\gamma = 90^0 + \beta$ sein. Dann wird aber aus (150):

$$\frac{1}{2} A + B \cos 2\beta - C \cos 2\beta = 0$$

oder:

$$\cos 2\beta = \frac{A}{2(C - B)}.$$

Hieraus folgt:

$$A < 2(C - B),$$

eine Ungleichung, die man nicht erfüllen kann, wenn man der von der Praxis gestellten Forderung gerecht werden will, dass kein Gewicht mehr als höchstens einundeinhalbmal so gross sein darf als irgend ein anderes.

Wohl aber lässt sich erreichen, dass ein einziger Kurbelwinkel ein rechter ist. Dies zu erzielen, setzen wir:

$$\gamma = 135^0.$$

Dadurch wird aus (149):

$$\frac{1}{2} A + B \cos \beta = \frac{1}{2} C \sqrt{2}, \tag{155}$$

und aus (150):

$$\frac{1}{2} A + B \cos 2\beta = 0. \tag{156}$$

Um hieraus eine Beziehung zwischen den Gewichtsverhältnissen zu erhalten, benutzen wir die Formel:

$$\cos 2\beta = 2 \cos^2 \beta - 1,$$

aus der wir, mit Benutzung von (155) und von (156), erhalten:

$$-\frac{A}{2B} = 2\left(\frac{1}{2}\frac{C}{B}\sqrt{2} - \frac{A}{2B}\right)^2 - 1$$

oder:

$$\sqrt{2 - \frac{A}{B}} = 2\left(\frac{1}{2}\frac{C}{B}\sqrt{2} - \frac{A}{2B}\right) = \frac{C}{B}\sqrt{2} - \frac{A}{B}. \tag{157}$$

Wir können nun $\frac{A}{B}$ willkürlich wählen und finden daraus $\frac{C}{B}$. Zuerst nehmen wir $\frac{A}{B} = 1$. Dann kommt:

$$1 = \frac{C}{B}\sqrt{2} - 1 \quad \text{oder} \quad \frac{C}{B} = 2 : \sqrt{2} = \sqrt{2} = 1{,}414.$$

Durch $\frac{A}{B} = 1$ ergiebt sich aus (156):

$$\cos 2\beta = -\frac{1}{2} \quad \text{oder} \quad 2\beta = 120^0, \ \beta = 60^0.$$

Die völlige vertikale Ausgleichung wird also erzielt, wenn drei Gewichte gleich sind und die ihnen zugehörigen Kurbelrichtungen zweimal einen Winkel von 60 Grad bilden. An die beiden äusseren dieser drei Kurbelrichtungen schliessen sich unter 75 Grad die vierte und fünfte Kurbelrichtung an, die miteinander einen rechten Winkel bilden. Die diesen beiden Kurbelrichtungen zugehörigen Gewichte sind beide 1414, wenn die drei anderen je 1000 sind.

In einem dritten Beispiel setzen wir, ausser $\gamma = 135^0$, $\frac{A}{B} = \frac{8}{9}$. Dann erhalten wir aus (157):

$$\frac{C}{B}\sqrt{2} = \frac{8}{9} + \sqrt{\frac{10}{9}} \quad \text{oder} \quad \frac{C}{B} = \frac{4}{9}\sqrt{2} + \frac{1}{3}\sqrt{5}$$

$$= \frac{5{,}656}{9} + \frac{2{,}236}{3} = 0{,}628 + 0{,}745 = 1{,}373.$$

Der Winkel β ergiebt sich aus $\cos 2\beta = -\frac{A}{2B} = -\frac{4}{9} = -0{,}4444$, also $2\beta = 180 - 63^0\,37' = 116^0\,23'$ oder $\beta = 58^0\,11\frac{1}{2}'$. Hiernach wird also die völlige vertikale Ausgleichung erzielt, wenn das Gewicht, das zu der in der Symmetrieachse liegenden Kurbel gehört,

1000 beträgt, wenn die beiden Gewichte, deren Kurbeln mit der Symmetrieachse $58^0\,11\frac{1}{4}'$ betragen, 889 betragen, wenn die vierte und fünfte Kurbel mit diesen beiden Kurbeln Winkel von $76^0\,48\frac{3}{4}'$ betragen und wenn die der vierten und fünften Kurbel zugehörigen Gewichte 1373 betragen.

Die Behandlung der völligen vertikalen Ausgleichung für mehr als fünf Cylinder kann deshalb übergangen werden, weil bei sechs oder noch mehr Cylindern ausser den vertikalen Kräften auch die kippenden Kräfte völlig aufgehoben werden können, also mehr erreicht werden kann als die völlige bloss vertikale Ausgleichung.

Vierter Abschnitt.

Die verbesserte Schlicksche Ausgleichung.

(Verschwinden der primären vertikalen, der primären kippenden und der sekundären vertikalen Kräfte.)

---

§ 16. Die vierkurbelige Maschine ohne Symmetrie.

Bei der verbesserten Schlickschen Ausgleichung sollen die vertikalen Kräfte völlig verschwinden und die kippenden Kräfte nur insofern, als die Schubstange gegenüber dem Kurbelradius als unendlich lang angesehen werden darf. Demnach vereinigen sich hier die Grundlagen des dritten Abschnitts mit denen des zweiten, oder, was dasselbe ist, von den im ersten Abschnitt abgeleiteten acht Grundgleichungen sollen die folgenden sechs erfüllt werden:

$$G_1 \cos \alpha_1 + G_2 \cos \alpha_2 + \dots = 0, \tag{158}$$

$$G_1 \sin \alpha_1 + G_2 \sin \alpha_2 + \dots = 0, \tag{159}$$

$$G_1 l_1 \cos \alpha_1 + G_2 l_2 \cos \alpha_2 + \dots = 0, \tag{160}$$

$$G_1 l_1 \sin \alpha_1 + G_2 l_2 \sin \alpha_2 + \dots = 0, \tag{161}$$

$$G_1 \cos 2\alpha_1 + G_2 \cos 2\alpha_2 + \dots = 0, \tag{162}$$

$$G_1 \sin 2\alpha_1 + G_2 \sin 2\alpha_2 + \dots = 0. \tag{163}$$

Da bei drei Cylindern schon die alleinige Erfüllung der Gleichungen (158) bis (161) unmöglich ist, so beginnen wir sofort mit der Annahme, dass die Maschine vierkurbelig sei.

Wenn wir dann zwei Kurbelwinkel α und γ oder α und β als gegeben betrachten, so erhalten wir zunächst durch (132) oder (134) die beiden andern Kurbelwinkel, dann die Gewichtsverhältnisse aus den Formeln (142) bis (144) und endlich die Abstandsverhältnisse aus den Formeln (51) bis (53). Dass, wenn zwei Gewichtsverhältnisse oder ein Gewichtsverhältnis und ein Kurbelwinkel gegeben sind, die

Berechnung auf zu komplizierte Gleichungen höheren Grades führt, ist schon im dritten Abschnitt hervorgehoben. Es ist jedoch wünschenswert, auch die Gleichungen kennen zu lernen, welche die Kurbelwinkel und die Abstandsverhältnisse direkt miteinander verbinden. Um zu diesen Gleichungen gelangen zu können, gehen wir von zweien derjenigen Gleichungen aus, auf welchen (52) bis (53) beruhen, und zwar von:

$$G_1 (l_1 - l_4) \sin (a_1 - a_2) = - G_3 (l_3 - l_4) \sin (a_3 - a_2)$$

und

$$G_2 (l_2 - l_1) \sin (a_2 - a_3) = - G_4 (l_4 - l_1) \sin (a_4 - a_3).$$

Durch Multiplikation beider Gleichungen ergiebt sich:

$$G_1 G_2 (l_1 - l_4)(l_2 - l_1) \sin (a_1 - a_2) \sin (a_2 - a_3)$$
$$= G_3 G_4 (l_3 - l_4)(l_4 - l_1) \sin (a_3 - a_2) \sin (a_4 - a_3).$$

Beachtet man nun, dass $(l_1 - l_4) = -(l_4 - l_1)$ und dass $\sin (a_2 - a_3) = - \sin (a_3 - a_2)$ ist, und hebt man dementsprechend, so erhält man:

$$G_1 G_2 (l_2 - l_1) \sin (a_1 - a_2) = G_3 G_4 (l_3 - l_4) \sin (a_4 - a_3).$$

Da wir nun in § 5 festgesetzt haben, dass die Cylinder in der Reihenfolge

1, 3, 4, 2

zu stehen haben, so ist, wenn $l_2 - l_1$ positiv angenommen ist, $l_3 - l_4$ negativ zu setzen. Ebenso ist, wenn $a_4 - a_3$ positiv gedacht ist, $a_1 - a_2$ negativ zu denken. Daher wird aus unserer Gleichung durch Multiplikation mit Minus eins:

(164) $$G_1 G_2 (l_2 - l_1) \sin (a_2 - a_1) = G_3 G_4 (l_4 - l_3) \sin (a_4 - a_3),$$

wo nun jeder Abstand und jeder Winkel positiv ist. Diese Formel (164) verbinden wir nun mit der im dritten Abschnitt abgeleiteten Formel (138):

$$G_1 G_2 (\cos \alpha - \cos 2\alpha) = G_3 G_4 (\cos \gamma - \cos 2\gamma),$$

für die noch gesetzt werden kann:

(165) $$G_1 G_2 \sin \frac{3}{2} \alpha \sin \frac{\alpha}{2} = G_3 G_4 \sin \frac{3}{2} \gamma \sin \frac{\gamma}{2}.$$

Ersetzen wir nun in (164) $a_2 - a_1$ durch α, $a_4 - a_3$ durch γ, wie schon früher immer, so erhalten wir durch Division:

(166) $$\frac{(l_2 - l_1) \sin \alpha}{\sin \frac{3}{2} \alpha \sin \frac{\alpha}{2}} = \frac{(l_4 - l_3) \sin \gamma}{\sin \frac{3}{2} \gamma \sin \frac{\gamma}{2}}.$$

Nach der Formel $\sin \varepsilon = 2 \sin \frac{\varepsilon}{2} \cos \frac{\varepsilon}{2}$ ergiebt sich aus (166):

$$(167) \qquad \frac{l_2 - l_1}{l_4 - l_3} = \frac{\cos \frac{\gamma}{2} : \sin \frac{3}{2} \gamma}{\cos \frac{\alpha}{2} : \sin \frac{3}{2} \alpha}.$$

Ganz analog erhält man:

$$(168) \qquad \frac{l_2 - l_3}{l_4 - l_1} = \frac{\cos \frac{\delta}{2} : \sin \frac{3}{2} \delta}{\cos \frac{\beta}{2} : \sin \frac{3}{2} \beta},$$

und:

$$(169) \qquad \frac{l_2 - l_4}{l_3 - l_1} = \frac{\cos \frac{\alpha + \beta}{2} : \sin \frac{3}{2} (\alpha + \beta)}{\cos \frac{\alpha + \delta}{2} : \sin \frac{3}{2} (\alpha + \delta)}.$$

Die Formeln (167) bis (169) sind geeignet, um aus den bekannten Kurbelwinkeln jedes Abstandsverhältnis direkt zu berechnen. Ist umgekehrt ein Abstandsverhältnis und einer der beiden zugehörigen Kurbelwinkel bekannt, so ist die Lösung einer Gleichung dritten Grades erforderlich, um auch den anderen zugehörigen Kurbelwinkel zu berechnen. Ist z. B. das Abstandsverhältnis $\frac{l_2 - l_1}{l_4 - l_3}$ und γ gegeben, so ergiebt sich aus (167) eine Gleichung dritten Grades für $\cos^2 \frac{\alpha}{2}$.

Um zu erkennen, ob möglicherweise durch Nichtsymmetrie die verbesserte Schlicksche Ausgleichung oder gar die völlige Ausgleichung der primären und sekundären vertikalen und kippenden Kräfte erzielt werden kann, müssen wir immer darauf achten, dass die Abstände, die Kurbelwinkel und die Gewichte auch möglichst allgemein, also nichtsymmetrisch, vorausgesetzt werden. Und deshalb sind auch im dritten Abschnitt und hier die Formeln möglichst allgemein aufgestellt. In der That ist es nicht undenkbar, dass die Kurbelwinkel und die Gewichte in der Praxis nichtsymmetrisch gestaltet werden. Kaum jedoch wird man auch die Abstände nichtsymmetrisch bauen. Bei der Behandlung der primären Schlickschen Ausgleichung im zweiten Abschnitt ist gezeigt, dass die Annahme symmetrischer Abstände durchaus nicht Symmetrie in den Kurbelwinkeln nach sich zieht. Es ist daher wünschenswert, zu untersuchen, ob vielleicht hier, wo noch die Gleichungen (162) und (163) hinzugekommen sind, die Annahme symmetrischer Abstände die

Symmetrie in den Kurbelwinkeln und vielleicht auch in den Gewichten zur Folge hat. Wir nehmen deshalb an, dass die Abstände symmetrisch sind, und haben demgemäss, wie schon im zweiten Abschnitt, zu setzen:

$$l_2 - l_1 = L, \qquad l_4 - l_3 = l,$$

$$l_2 - l_3 = \frac{L+l}{2}, \quad l_4 - l_1 = \frac{L+l}{2},$$

$$l_2 - l_4 = \frac{L-l}{2}, \quad l_3 - l_1 = \frac{L-l}{2}.$$

Dadurch wird aus (167) bis (169) beziehungsweise:

$$\frac{L}{l} = \frac{\cos\frac{\gamma}{2} : \sin\frac{3}{2}\gamma}{\cos\frac{\alpha}{2} : \sin\frac{3}{2}\alpha}, \tag{170}$$

$$1 = \frac{\cos\frac{\delta}{2} : \sin\frac{3}{2}\delta}{\cos\frac{\beta}{2} : \sin\frac{3}{2}\beta}, \tag{171}$$

$$1 = \frac{\cos\frac{\alpha+\beta}{2} : \sin\frac{3}{2}(\alpha+\beta)}{\cos\frac{\alpha+\delta}{2} : \sin\frac{3}{2}(\alpha+\delta)}. \tag{172}$$

Dass Gleichung (171) für $\delta = \beta$ erfüllt wird, ist selbstverständlich. Es fragt sich jedoch, ob diese Gleichung vielleicht auch noch auf eine andere durch die Praxis nicht ausgeschlossene Weise erfüllt werden kann. Dass dies aber unmöglich ist, soll in § 17 bewiesen werden.

§ 17. Beweis, dass bei der verbesserten Schlickschen Ausgleichung Symmetrie in der Cylinderstellung Symmetrie in den Kurbelwinkeln zur Folge hat.

Wie am Schluss von § 16 erörtert ist, handelt es sich darum, nachzuweisen, dass die Gleichung (171) auf andere Weise als durch $\beta = \delta$ nicht erfüllt werden kann. Wir nehmen deshalb an, diese Gleichung würde auf andere Weise erfüllt. Zunächst schliessen wir dann aus ihr:

$$\sin\frac{3}{2}\delta : \cos\frac{\delta}{2} = \sin\frac{3}{2}\beta : \cos\frac{\beta}{2},$$

oder, indem wir die Formel $\sin 3\varepsilon = 3\sin\varepsilon - 4\sin^3\varepsilon$ anwenden,

$$\left(3\sin\frac{\delta}{2} - 4\sin^3\frac{\delta}{2}\right)\cos\frac{\beta}{2} = \left(3\sin\frac{\beta}{2} - 4\sin^3\frac{\beta}{2}\right)\cos\frac{\delta}{2}$$

oder:

$$3\left(\sin\frac{\delta}{2}\cos\frac{\beta}{2} - \sin\frac{\beta}{2}\cos\frac{\delta}{2}\right) = 4\sin^3\frac{\delta}{2}\cos\frac{\beta}{2} - 4\sin^3\frac{\beta}{2}\cos\frac{\delta}{2}$$

oder, indem zugleich $\sin^2\frac{\delta}{2} = 1 - \cos^2\frac{\delta}{2}$ und $\sin^2\frac{\beta}{2} = 1 - \cos^2\frac{\beta}{2}$ gesetzt wird:

$$3\sin\frac{\delta-\beta}{2} = 4\sin\frac{\delta}{2}\cos\frac{\beta}{2}\left(1 - \cos^2\frac{\delta}{2}\right) - 4\sin\frac{\beta}{2}\cos\frac{\delta}{2}\left(1 - \cos^2\frac{\beta}{2}\right)$$

oder:

$$3\sin\frac{\delta-\beta}{2} = 4\left(\sin\frac{\delta}{2}\cos\frac{\beta}{2} - \sin\frac{\beta}{2}\cos\frac{\delta}{2}\right)$$
$$- 4\cos\frac{\beta}{2}\cos\frac{\delta}{2}\left(\sin\frac{\delta}{2}\cos\frac{\delta}{2} - \sin\frac{\beta}{2}\cos\frac{\beta}{2}\right)$$

oder:

$$2\cos\frac{\beta}{2}\cos\frac{\delta}{2}\left[2\sin\frac{\delta}{2}\cos\frac{\delta}{2} - 2\sin\frac{\beta}{2}\cos\frac{\beta}{2}\right] = \sin\frac{\delta-\beta}{2}$$

oder:

$$2\cos\frac{\beta}{2}\cos\frac{\delta}{2}[\sin\delta - \sin\beta] = \sin\frac{\delta-\beta}{2}$$

oder:

(173) $$4\cos\frac{\beta}{2}\cos\frac{\delta}{2}\sin\frac{\delta-\beta}{2}\cos\frac{\delta+\beta}{2} = \sin\frac{\delta-\beta}{2}.$$

Da wir unter der Annahme sind, dass δ nicht gleich β ist, so ist $\sin\frac{\delta-\beta}{2}$ von Null verschieden. Wir dürfen deshalb Gleichung (173) durch $\sin\frac{\delta-\beta}{2}$ dividieren. Dadurch kommt:

(174) $$4\cos\frac{\beta}{2}\cos\frac{\delta}{2}\cos\frac{\delta+\beta}{2} = 1.$$

Wir benutzen nun die Relation (131), nach welcher

$$2\cos\frac{\beta}{2}\cos\frac{\delta}{2} = \cos\frac{\gamma-\alpha}{2}$$

ist. Dann erhalten wir aus (174):

(175) $$2\cos\frac{\delta+\beta}{2} = \frac{1}{\cos\frac{\gamma-\alpha}{2}}.$$

Nun ist $\cos\frac{\delta+\beta}{2} = \cos\left(180 - \frac{\gamma+\alpha}{2}\right) = -\cos\frac{\gamma+\alpha}{2}$. Daher folgt aus (175):

(176) $$2\cos\frac{\gamma+\alpha}{2}\cos\frac{\gamma-\alpha}{2} = -1,$$

oder:

(177) $$\cos\gamma + \cos\alpha = -1,$$

oder:

$$\cos\gamma = -2\cos^2\frac{\alpha}{2}.$$

Da $\cos^2\frac{\alpha}{2}$ sicher positiv ist, so folgt jetzt, dass $\cos\gamma$ negativ ist. Ebenso kann man aus

$$\cos\alpha = -2\cos^2\frac{\gamma}{2}$$

schliessen, dass $\cos\alpha$ negativ ist. Folglich müssen die Winkel γ und α beide zwischen 90^0 und 270^0 betragen, also auch $\frac{\gamma+\alpha}{2}$ zwischen diesen Grenzen liegen. Demnach muss $\cos\frac{\gamma+\alpha}{2}$ negativ sein, woraus nach (176) folgt, dass $\cos\frac{\gamma-\alpha}{2}$ positiv ist. Daher ist

$$0 < \cos\frac{\gamma-\alpha}{2} < 1.$$

Hieraus folgt durch Benutzung von (175):

$$2\cos\frac{\delta+\beta}{2} > 1$$

oder:

(178) $$\cos\frac{\delta+\beta}{2} > \frac{1}{2},$$

daher:

(179) $$\frac{\delta+\beta}{2} < 60^0.$$

Nun schliessen wir durch Benutzung von $2\cos\frac{\beta}{2}\cos\frac{\delta}{2}$ gleich $\cos\frac{\beta+\delta}{2} + \cos\frac{\beta-\delta}{2}$ aus (174) weiter:

$$2\left(\cos\frac{\beta+\delta}{2} + \cos\frac{\beta-\delta}{2}\right)\cos\frac{\beta+\delta}{2} = 1$$

oder:

(180) $$\cos^2\frac{\beta+\delta}{2} + \cos\frac{\beta+\delta}{2}\cos\frac{\beta-\delta}{2} = \frac{1}{2}.$$

Subtrahieren wir von (180) das Quadrat von (178), so erhalten wir:

$$\cos\frac{\beta+\delta}{2}\cos\frac{\beta-\delta}{2}<\frac{1}{2}-\frac{1}{4}.$$

Dividieren wir diese Gleichung wieder durch (178), so erhalten wir:

$$\cos\frac{\beta-\delta}{2}<\frac{1}{4}:\frac{1}{2}$$

oder:

(181) $$\cos\frac{\beta-\delta}{2}<\frac{1}{2},$$

woraus folgt:

(182) $$\frac{\beta-\delta}{2}>60^{0}.$$

In (179) aber erhielten wir:

$$\frac{\beta+\delta}{2}<60^{0}.$$

Subtrahieren wir nun (182) von (179), so erhalten wir:

$$\beta<60^{0}-60^{0},\quad \text{d. h.}\quad \beta<0^{0}.$$

Wir sind also durch die Annahme, dass β nicht gleich δ sei, dazu geführt, dass dann $\beta<0^{0}$ sein müsste, also zu einem Widerspruch. Damit ist bewiesen, dass bei der verbesserten Schlickschen Ausgleichung die Symmetrie in der Cylinderstellung zur Folge hat, dass auch die Kurbelwinkel symmetrisch sein müssen.

§ 18. Die symmetrische vierkurbelige Maschine.

In § 17 ist bewiesen, dass symmetrische Abstände auch Symmetrie in den Kurbelwinkeln hervorrufen. Aus den Formeln (142) bis (144) folgt dann, dass in diesem Falle auch die Gewichte symmetrisch sein müssen. Wenn man nämlich in (143) $\beta=\delta$ setzt, so folgt:

$$\frac{G_2}{G_1}=1.$$

Ebenso erkennt man, dass die rechten Seiten von (142) und von (144) durch die Einsetzung $\beta=\delta$ identisch werden, woraus:

$$\frac{G_3}{G_1}=\frac{G_4}{G_1}\quad \text{oder}\quad G_3=G_4$$

folgt. Wir haben also den Satz:

Wenn bei der verbesserten Schlickschen Ausgleichung die Abstände symmetrisch sind, so müssen sowohl die Kurbelwinkel als auch die Gewichte symmetrisch sein.

In § 16 erkannten wir, dass bei der verbesserten Schlickschen Ausgleichung nur zwei Grössen, etwa zwei Kurbelwinkel, willkürlich gewählt sein dürfen. Indem nun noch die Bedingung der symmetrischen Abstände hinzugefügt wird, also zu den sechs Grundgleichungen eine Bedingungsgleichung hinzutritt, bleibt übrig, dass nur eine einzige Grösse willkürlich sein darf.

Für den Fall der Symmetrie bei Aufhebung der primären vertikalen und kippenden Kräfte haben wir schon im zweiten Abschnitt die Gleichungen (75) und (76) gefunden, die, wenn wir noch G_1 durch A, G_3 durch C ersetzen, folgendermassen lauten:

$$\frac{A}{C} = \frac{\cos\frac{\gamma}{2}}{\cos\frac{\alpha}{2}}, \tag{183}$$

$$\frac{L}{l} = \frac{\operatorname{tg}\frac{\gamma}{2}}{\operatorname{tg}\frac{\alpha}{2}}. \tag{184}$$

Hier bedeuten also: A das Gewicht für jeden der beiden äusseren Cylinder, C das Gewicht für jeden der beiden inneren Cylinder, ferner L den Abstand der beiden äusseren, l den Abstand der beiden inneren Cylinder, endlich α den Winkel, den die Kurbeln der beiden äusseren Cylinder miteinander bilden, γ den Winkel, den die beiden inneren Cylinder miteinander bilden.

In diesem Abschnitt aber soll auch die Aufhebung der sekundären vertikalen Kräfte vorausgesetzt werden. Deshalb müssen wir hier zu den Bedingungsgleichungen noch eine Gleichung hinzufügen, die sich auf die gleichzeitige Aufhebung der primären und der vertikalen Kräfte bezieht, und die also aus dem dritten Abschnitt zu entnehmen ist. Es kann entweder die Gleichung (109) oder (112) hinzugefügt werden. Wir wählen die Schlicksche Relation (112), also:

$$2\cos\frac{\gamma}{2}\cos\frac{\alpha}{2} = 1. \tag{185}$$

Aus den beiden Gleichungen (183) und (185) lässt sich dann (109) ableiten. Ist ein Kurbelwinkel gegeben, so gestaltet sich die Berechnung sehr einfach. Man findet aus (185) den andern Kurbelwinkel, dann aus (183) das Gewichtsverhältnis und aus (184) das Abstandsverhältnis. Anders jedoch, wenn das Abstandsverhältnis oder das Gewichtsverhältnis gegeben ist. Für diesen Fall haben wir schon in § 10 jeden der beiden Kurbelwinkel ausgedrückt, nämlich durch die Formeln (77) und (78), welche lauteten:

$$\cos\frac{\alpha}{2} = \frac{1}{w}\sqrt{\frac{v^2 w^2 - 1}{v^2 - 1}}, \tag{186}$$

$$\cos\frac{\gamma}{2} = \sqrt{\frac{v^2 w^2 - 1}{v^2 - 1}}, \tag{187}$$

wo v das Abstandsverhältnis $\frac{L}{l}$, w das Gewichtsverhältnis $\frac{A}{C}$ bedeutet. Um zunächst eine direkte Beziehung zwischen v und w für den Fall unsrer verbesserten Schlickschen Ausgleichung zu gewinnen, wenden wir auf (186) und (187) die Formel (185) an. Dadurch erhalten wir:

$$\frac{2}{w} \cdot \frac{v^2 w^2 - 1}{v^2 - 1} = 1$$

oder:

$$2 v^2 w^2 - 2 = v^2 w - w$$

oder:

$$v^2 (2 w^2 - w) = 2 - w$$

oder:

$$v = \sqrt{\frac{2 - w}{w(2w - 1)}}. \tag{188}$$

Setzen wir in (188) $w = 1$, so erhalten wir $v = 1$, was praktisch unmöglich ist, weil dies hiesse, dass die beiden inneren Cylinder an der Stelle der beiden äusseren sein müssten. Es ist also die verbesserte Schlicksche Ausgleichung nicht erreichbar, wenn alle vier Gewichte gleich sind. Da $v = \frac{L}{l}$ immer grösser als 1 sein muss, so muss auch

$$2 - w > w(2w - 1)$$

sein, oder:

$$2 - w > 2w^2 - w$$

oder:

$$1 > w^2$$

oder:

$$w < 1, \quad \text{d. h.} \quad \frac{A}{C} < 1.$$

Dieses Resultat lautet in Worten:

Auch bei der verbesserten Schlickschen Ausgleichung (es verschwinden primäre und sekundäre vertikale Kräfte und kippende primäre Kräfte) muss jedes der beiden aussen befindlichen Gewichte kleiner sein, als jedes innere.

Da in der Praxis die Kurbelwinkel eher beliebig sein können als das Gewichtsverhältnis w und das Abstandsverhältnis v, so wird man die Gleichung (188) benutzen, um praktisch mögliche Grössen von v und w ausfindig zu machen. Wenn wir $w = \frac{2}{3}$ und $v = \frac{9}{5}$ als praktisch noch mögliche Extreme annehmen, d. h. wenn wir annehmen, dass das grössere Gewicht nicht mehr als das Einundeinhalbfache des kleineren beträgt, und dass der Abstand der inneren Cylinder nicht mehr als das Zweiundeinhalbfache des Abstandes eines äusseren von dem benachbarten inneren Cylinder beträgt, so ist glücklicherweise die Bedingungsgleichung (188) hiermit in Einklang. Es ist jedoch wünschenswert, das Abstandsverhältnis als das ursprünglich Gegebene anzusehen und darauf das Gewichtsverhältnis danach zu bestimmen. Deshalb wollen wir nun umgekehrt auch w durch v ausdrücken. Wir erhalten aus:

$$2v^2w^2 - 2 = v^2w - w$$

nacheinander:

$$w^2 \cdot 2v^2 - w \cdot (v^2 - 1) = 2,$$

$$w^2 - w \cdot \frac{v^2 - 1}{2v^2} = \frac{1}{v^2},$$

$$w = \frac{v^2 - 1}{4v^2} \pm \sqrt{\frac{(v^2 - 1)^2}{16v^4} + \frac{16v^2}{16v^4}},$$

$$w = \frac{v^2 - 1 \pm \sqrt{v^4 + 14v^2 + 1}}{4v^2}.$$

Da w nicht negativ werden kann, so ist natürlich nur das obere Vorzeichen vor der Quadratwurzel zulässig, so dass wir erhalten:

$$w = \frac{v^2 - 1 + \sqrt{v^4 + 14v^2 + 1}}{4v^2}. \tag{189}$$

Der für die Praxis angenehmste Wert von v ist $v = 3$, weil dann alle vier Cylinder in genau gleichen Abständen stehen. Dafür kommt aus (189):

$$w = \frac{8 + \sqrt{81 + 126 + 1}}{36} = \frac{8 + \sqrt{208}}{36} = \frac{8 + 4\sqrt{13}}{36} = \frac{2 + \sqrt{13}}{9}$$

$$= \frac{2 + 3{,}60555}{9} = \frac{5{,}60555}{9} = 0{,}6228.$$

Nach diesen Werten von v und w sind viele in den letzten Jahren gebauten grossen Schiffsmaschinen wirklich ausgeführt.

Die Kurbelwinkel α und γ findet man, nach Auffindung zulässiger Werte von v und w, die mit den Gleichungen (188) und (189) im Einklang sind, am kürzesten aus (186) und (187). Wir beschränken uns auf das Beispiel:

$$v = 3 \quad \text{und} \quad w = \frac{2+\sqrt{13}}{9}.$$

Aus (187) erhält man:

$$\cos\frac{\gamma}{2} = \sqrt{\frac{(vw+1)(vw-1)}{(v+1)(v-1)}} = \sqrt{\frac{\frac{5+\sqrt{13}}{3}\cdot\frac{-1+\sqrt{13}}{3}}{4\cdot 2}}$$

$$= \sqrt{\frac{8+4\sqrt{13}}{9\cdot 4\cdot 2}} = \sqrt{\frac{2+\sqrt{13}}{18}} = \frac{1}{6}\sqrt{4+2\sqrt{13}}.$$

Aus (186) erhält man:

$$\cos\frac{\alpha}{2} = \frac{9}{2+\sqrt{13}}\cdot\frac{1}{6}\sqrt{4+2\sqrt{13}} = \frac{3}{2}\,\frac{\sqrt{13}-2}{13-4}\sqrt{4+2\sqrt{13}}$$

$$= \frac{1}{6}(\sqrt{13}-2)\sqrt{4+2\sqrt{13}} = \frac{1}{6}\sqrt{17-4\sqrt{13}}\sqrt{4+2\sqrt{13}}$$

$$= \frac{1}{2}\sqrt{2\sqrt{13}-4}.$$

Die Berechnung der Kurbelwinkel γ und α gestaltet sich in unserm wichtigen Beispiel nun folgendermassen:

$$\begin{aligned}
\sqrt{13} &= 3{,}60555\\
&\quad\;\; 2\\
&\overline{7{,}21110}\\
\log 11{,}21110 &= 1{,}04965\\
2)\;&\overline{0{,}52482}\\
\log 6 &= 0{,}77815\\
\log\cos\frac{\gamma}{2} &= 9{,}74667-10; \quad \frac{\gamma}{2} = 56^0\,5';\\
&\qquad\qquad \underline{\underline{\gamma = 112^0\,10'.}}
\end{aligned}$$

$$\begin{aligned}
\log(2\sqrt{13}-4) = \log 3{,}21110 &= 0{,}50665\\
2)\;&\overline{0{,}25332}\\
\log 2 &= 0{,}30103\\
\log\cos\frac{\alpha}{2} &= 9{,}95229-10; \quad \frac{\alpha}{2} = 26^0\,22';\\
&\qquad\qquad \underline{\underline{\alpha = 52^0\,44'.}}
\end{aligned}$$

Unser Resultat lautet in Worten:

Wenn eine vierkurbelige symmetrische Maschine derartig ausbalanziert ist, dass die primären und sekundären vertikalen Kräfte und auch die primären kippenden Kräfte dauernd verschwinden, und wenn dabei die vier Cylinder in drei gleichen Abständen voneinander stehen, so muss jedes der beiden äusseren Gewichte 623 betragen, wenn jedes innere Gewicht 1000 beträgt, es müssen ferner die Kurbeln der beiden äusseren Cylinder unter $52^0 44'$ zu einander gerichtet sein, die Kurbeln der beiden inneren unter $112^0 10'$, so dass die Kurbel eines äusseren Cylinders mit der Kurbel des nicht benachbarten inneren Cylinders einen Winkel von $97^0 28'$ bildet.

Will man das Gewichtsverhältnis näher an 1 haben, so muss von den drei Abständen der innere grösser als jeder der beiden äusseren werden. Hierfür noch ein Beispiel. Man wünscht, dass jedes äussere Gewicht 800 beträgt, wenn jedes innere 1000 beträgt. Dann haben wir in (188) $w = \frac{4}{5}$ zu setzen, und erhalten:

$$v = \sqrt{\frac{2 - \frac{4}{5}}{\frac{4}{5}\left(\frac{8}{5} - 1\right)}} = \sqrt{\frac{\frac{6}{5}}{\frac{4}{5} \cdot \frac{3}{5}}} = \sqrt{\frac{5}{2}} = \frac{1}{2}\sqrt{10} = 1{,}58114\,.$$

Dies entspricht den Abständen:

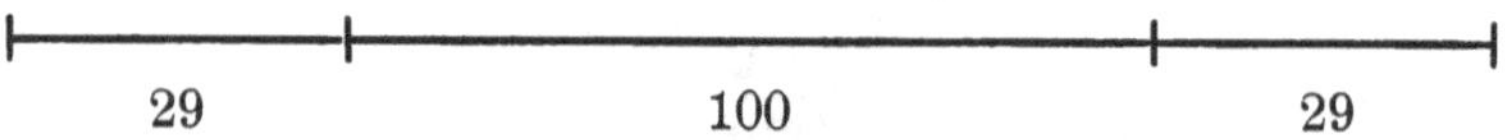

Hier ist der innere Abstand, gegenüber jedem der beiden äusseren, so gross, dass dieses Beispiel als praktisch unbrauchbar zu verwerfen ist. Man erkennt also, dass, wenn man das Gewichtsverhältnis zu nahe an 1 annimmt, der innere Abstand gegenüber jedem der beiden äusseren zu gross wird. Da der Fall, dass der innere Abstand das Doppelte jedes der beiden äusseren beträgt, wohl noch als praktisch zulässig erscheinen dürfte, wollen wir noch mit Hilfe der Formel (189) untersuchen, wie gross das Gewichtsverhältnis in diesem Falle wird. Wir haben $v = \frac{L}{l} = \frac{4}{2} = 2$ zu setzen, und erhalten:

$$w = \frac{3 + \sqrt{16 + 56 + 1}}{16} = \frac{3 + \sqrt{73}}{16} = 0{,}7215\,.$$

Dieses Resultat ist praktisch gut auszuführen.

Schliesslich prüfen wir noch, ob es bei der verbesserten Schlickschen Ausgleichung erreichbar ist, dass zwei nicht aufeinanderfolgende Winkel des Kurbeldiagramms rechte Winkel werden. Dies ist leider nicht erreichbar. Denn dann hätten wir:

$$\frac{\alpha + \gamma}{2} = 90^0,$$

also:

$$\cos\frac{\gamma}{2} = \cos\left(90 - \frac{\alpha}{2}\right) = \sin\frac{\alpha}{2}.$$

Daher käme nach (185):

$$2\sin\frac{\alpha}{2}\cos\frac{\alpha}{2} = 1, \quad \text{oder} \quad \sin\alpha = 1.$$

Daher müsste $\alpha = 90^0$, also auch $\gamma = 90^0$ sein, also alle vier Kurbelwinkel gleich 90^0. Dies geht aber wegen (184) nicht, da nach dieser Formel dann $L = l$ sein müsste, was unmöglich ist.

Auch wenn jeder Kurbelwinkel 0 Grad oder 180 Grad betrüge, wäre der verbesserte Schlicksche Ausgleich nicht erreichbar, weil man dann die sekundären Kraftgleichungen nicht erfüllen könnte.

§ 19. Die symmetrische fünfkurbelige Maschine.

Schon in dem dritten Abschnitt, der die völlige vertikale Ausgleichung behandelt, ist die symmetrische fünfkurbelige Maschine behandelt (§ 15). Hier, wo das Verschwinden nicht allein der primären und sekundären vertikalen Kräfte, sondern auch der primären kippenden Kräfte behandelt wird, haben wir demnach nur zu den schon in § 15 aufgestellten vier Bedingungsgleichungen (145) bis (148) noch die beiden Gleichungen hinzuzufügen, welche das Verschwinden der kippenden primären Kräfte bedingen. Diese lauten:

$$(190) \quad A \cdot l_a \cos 0^0 + B \cdot l_b \cos\beta + C \cdot l_c \cos\gamma + C \cdot l'_c \cos\gamma + B \cdot l'_b \cos\beta = 0,$$

$$(191) \quad A \cdot l_a \sin 0^0 + B \cdot l_b \sin\beta + C \cdot l_c \sin\gamma - C \cdot l'_c \sin\gamma - B \cdot l'_b \sin\beta = 0,$$

wo, wie in § 15, die Gewichte mit A, B, C, C, B und die Kurbelwinkel, der Reihe nach, gleich 0^0, gleich β, γ, $-\gamma$, $-\beta$ sind, und wo die Entfernungen von einem beliebig gedachten Anfangspunkt, beziehungsweise:

$$l_a, \quad l_b, \quad l_c, \quad l'_c, \quad l'_b$$

genannt sind. Da auch die Abstände symmetrisch sein sollen, so zählen wir am besten diese Abstände von der Mitte an, wo wir uns das Gewicht A denken. Da die beiden Gewichte B Cylindern angehören, die von der Mitte gleich weit entfernt sind, und da dasselbe für die Gewichte C gilt, so dürfen wir:

$$l_b' = -l_b \quad \text{und} \quad l_c' = -l_c$$

setzen. Dadurch wird aus (190) und (191):

$$A \cdot 0 \cdot \cos 0^0 + Bl_b \cos\beta + Cl_c \cos\gamma - Cl_c \cos\gamma - Bl_b \cos\beta = 0$$

und:

$$A \cdot 0 \cdot \sin 0^0 + Bl_b \sin\beta + Cl_c \sin\gamma + Cl_c \sin\gamma + Bl_b \sin\beta = 0.$$

Die erste dieser beiden Gleichungen wird identisch erfüllt, und aus der zweiten wird:

$$2Bl_b \sin\beta + 2Cl_c \sin\gamma = 0$$

oder:

$$\frac{l_b}{l_c} = -\frac{C \sin\gamma}{B \sin\beta}. \tag{192}$$

Nachdem also durch § 15 die beiden Gewichtsverhältnisse $\frac{A}{B}$ und $\frac{C}{B}$ sowie die beiden Kurbelwinkel β und γ festgestellt sind, hat man nur noch die symmetrischen Abstände nach (192) zu berechnen, und gelangt dadurch zu einer fünfcylindrigen Maschine, bei welcher die primären und sekundären vertikalen Kräfte sowie auch die primären kippenden Kräfte verschwinden. Es wird genügen, wenn wir dies für die drei in § 15 behandelten Beispiele ausführen.

1. Wenn alle fünf Gewichte gleich sind, ergeben sich auch gleiche Kurbelwinkel, also $\beta = 72^0$, $\gamma - \beta = 72^0$ oder $\gamma = 144^0$. Daher ergiebt sich:

$$\frac{l_b}{l_c} = -\frac{\sin 144^0}{\sin 72^0} = -\frac{2 \sin 72^0 \cos 72^0}{\sin 72^0}$$
$$= -2\cos 72^0 = -2 \cdot \frac{1}{4}(\sqrt{5} - 1) = -\frac{\sqrt{5}-1}{2} = -0{,}618.$$

Hiernach muss der Abstand jedes Cylinders mit dem Gewichte B 618 betragen, wenn der Abstand jedes Cylinders mit dem Gewichte C 1000 beträgt, so dass die Gewichte B und C voneinander den Abstand 382 haben. Da nach (192) $l_b : l_c$ stets negativ ist, so müssen die Cylinder, deren Kurbeln die Winkel $+ 72^0$ und $+ 144^0$ mit der

Kurbel des mittleren Cylinders bilden, auf verschiedenen Seiten des mittleren Cylinders liegen. Das Kurbeldiagramm und das Abstandsdiagramm sehen also so aus, wie Figur 18 zeigt.

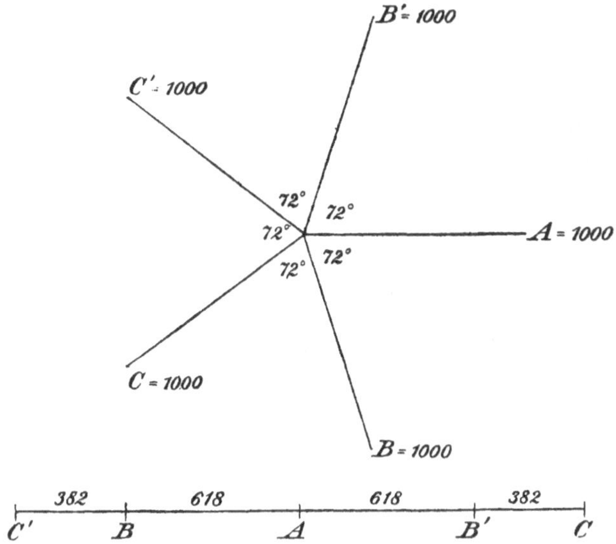

Fig. 18.

Da die vier Abstände der fünf Cylinder nacheinander 382, 618, 618, 382 sind, so entsprechen dieselben den Forderungen der Praxis.

2. Im zweiten Beispiel von § 15 war

$$\frac{A}{B} = 1, \quad \frac{C}{B} = \sqrt{2}, \quad \gamma = 135^0, \quad \beta = 60^0.$$

Daher ergiebt Formel (192):

$$\frac{l_b}{l_c} = -\frac{C}{B} \cdot \frac{\sin\gamma}{\sin\beta} = -\sqrt{2} \cdot \frac{\sin 135^0}{\sin 60^0}$$

$$= -\sqrt{2} \cdot \frac{\frac{1}{2}\sqrt{2}}{\frac{1}{2}\sqrt{3}} = -\frac{2}{\sqrt{3}} = -\frac{2}{3}\sqrt{3} = -1{,}155.$$

Da hiernach die beiden aussenstehenden Cylinder von der Mitte den Abstand 1155 haben, wenn die drei inneren den Abstand von je 1000 haben, so müssten die Abstände der Reihe nach sein:

155, 1000, 1000, 155.

Dieses Beispiel entspricht daher nicht den Forderungen der Praxis, da die beiden mittleren Abstände 6 bis 7 mal so gross sein müssten, als die beiden äusseren.

3. Im dritten Beispiel von § 15 war

$$\frac{A}{B}=\frac{8}{9},\quad \frac{C}{B}=1{,}373,\quad \beta=58^{0}\,11\tfrac{1}{3}',\quad \gamma=135^{0}.$$

Daher erhält man aus (192):

$$\frac{l_b}{l_c}=-\frac{C}{B}\,\frac{\sin\gamma}{\sin\beta}=1{,}373\cdot\frac{\sin 135^{0}}{\sin 58^{0}\,11\tfrac{1}{3}'}=1{,}142.$$

Auch dieses Beispiel, wonach die Abstände benachbarter Cylinder der Reihe nach sich verhalten müssten wie:

142 zu 1000 zu 1000 zu 142,

entspricht nicht den Forderungen der Praxis.

Fünfter Abschnitt.

Die völlige Ausgleichung.

(Verschwinden der primären vertikalen, der primären kippenden, der sekundären vertikalen und der sekundären kippenden Kräfte.)

---

§ 20. **Unmöglichkeit der völligen Ausgleichung bei nur vier Kurbeln.**

Wie aus den grundlegenden Gleichungen des ersten Abschnitts hervorgeht, handelt es sich hier darum, zu prüfen, ob die folgenden acht Gleichungen zu einer brauchbaren Lösung führen:

$$G_1 \cos a_1 + G_2 \cos a_2 + G_3 \cos a_3 + G_4 \cos a_4 = 0, \tag{193}$$

$$G_1 \sin a_1 + G_2 \sin a_2 + G_3 \sin a_3 + G_4 \sin a_4 = 0, \tag{194}$$

$$G_1 l_1 \cos a_1 + G_2 l_2 \cos a_2 + G_3 l_3 \cos a_3 + G_4 l_4 \cos a_4 = 0, \tag{195}$$

$$G_1 l_1 \sin a_1 + G_2 l_2 \sin a_2 + G_3 l_3 \sin a_3 + G_4 l_4 \sin a_4 = 0, \tag{196}$$

$$G_1 \cos 2a_1 + G_2 \cos 2a_2 + G_3 \cos 2a_3 + G_4 \cos 2a_4 = 0, \tag{197}$$

$$G_1 \sin 2a_1 + G_2 \sin 2a_2 + G_3 \sin 2a_3 + G_4 \sin 2a_4 = 0, \tag{198}$$

$$G_1 l_1 \cos 2a_1 + G_2 l_2 \cos 2a_2 + G_3 l_3 \cos 2a_3 + G_4 l_4 \cos 2a_4 = 0, \tag{199}$$

$$G_1 l_1 \sin 2a_1 + G_2 l_2 \sin 2a_2 + G_3 l_3 \sin 2a_3 + G_4 l_4 \sin 2a_4 = 0. \tag{200}$$

Das System der vier Gleichungen (193) bis (196) ist schon im zweiten Abschnitt allgemein behandelt, und hat in § 6 zu der Formel (48) geführt, welche lautet:

$$\frac{l_3 - l_2}{l_3 - l_1} : \frac{l_4 - l_2}{l_4 - l_1} = \frac{\sin(a_3 - a_2)}{\sin(a_3 - a_1)} : \frac{\sin(a_4 - a_2)}{\sin(a_4 - a_1)}. \tag{201}$$

Diese wichtige Relation, welche im zweiten Abschnitt die perspektive Lage der vier Kurbelrichtungen mit den vier Cylinderstellen erkennen liess, ist durch Elimination der Grössen:

$$G_1, \quad G_2, \quad G_3, \quad G_4$$

aus (193) bis (196) entstanden. Genau so kann man aus dem System der vier Gleichungen (197) bis (200) die Grössen G_1, G_2, G_3, G_4 eliminieren, und man erkennt, dass das Resultat sich von (201) nur dadurch unterscheiden kann, dass jeder Winkel verdoppelt ist. Man erhält also zweitens:

$$\frac{l_3 - l_2}{l_3 - l_1} : \frac{l_4 - l_2}{l_4 - l_1} = \frac{\sin 2(a_3 - a_2)}{\sin 2(a_3 - a_1)} : \frac{\sin 2(a_4 - a_2)}{\sin 2(a_4 - a_1)}. \tag{202}$$

Aus (201) und (202) erhält man nun eine Relation zwischen den Winkeln, die folgendermassen lautet:

$$\frac{\sin 2(a_3 - a_2)}{\sin 2(a_3 - a_1)} : \frac{\sin 2(a_4 - a_2)}{\sin 2(a_4 - a_1)} = \frac{\sin(a_3 - a_2)}{\sin(a_3 - a_1)} : \frac{\sin(a_4 - a_2)}{\sin(a_4 - a_1)}.$$

Man kann nun links viermal die Formel $\sin 2a = 2 \sin a \cos a$ anwenden. Dadurch erhält man die vier Sinusse auf beiden Seiten der Gleichung. Da jeder dieser Sinusse von Null verschieden ist, weil keine zwei Kurbelrichtungen parallel sein können, so heben sich die vier Sinusse ganz fort, und man erhält:

$$\frac{\cos(a_3 - a_2)}{\cos(a_3 - a_1)} : \frac{\cos(a_4 - a_2)}{\cos(a_4 - a_1)} = 1$$

oder:

$$\cos(a_3 - a_2)\cos(a_4 - a_1) = \cos(a_3 - a_1)\cos(a_4 - a_2).$$

Multipliziert man diese Gleichung mit 2, und wendet links und rechts die Formel:

$$2 \cos \sigma \cos \delta = \cos(\sigma + \delta) + \cos(\sigma - \delta)$$

an, so erhält man:

$$\begin{aligned} \cos(a_3 - a_2 + a_4 - a_1) + \cos(a_3 - a_2 - a_4 + a_1) \\ = \cos(a_3 - a_1 + a_4 - a_2) \\ + \cos(a_3 - a_1 - a_4 + a_2). \end{aligned}$$

Nun hebt sich der erste Summand rechts und links fort, so dass man erhält:

$$\cos(a_3 - a_2 - a_4 + a_1) = \cos(a_3 - a_1 - a_4 + a_2).$$

Wenn aber die Cosinusse zweier Winkel gleich sind, so müssen die Winkel entweder gleich sein oder zusammen 360 Grad betragen. Wir haben also entweder:

$$a_3 - a_2 - a_4 + a_1 = a_3 - a_1 - a_4 + a_2$$

oder:

$$a_3 - a_2 - a_4 + a_1 + a_3 - a_1 - a_4 + a_2 = 360^0.$$

Die erste Gleichung ergiebt aber:

$$a_1 - a_2 = 0,$$

die zweite:

$$a_3 - a_4 = 180^0.$$

Beides ist unmöglich, da dies bedeutete, dass die Kurbeln 1 und 2 oder die Kurbeln 3 und 4 parallel sein müssten.

Die Annahme, dass bei einer viercylindrigen Maschine alle acht Grundgleichungen erfüllt werden, hat uns zu einem Widerspruch geführt. Also ist bewiesen, dass die völlige Ausgleichung bei einer vierkurbeligen Maschine nicht erreichbar ist, auch dann nicht, wenn man etwa unsymmetrische Winkel, Gewichte und Abstände zuliesse. Um schliesslich doch zu einer völligen Ausgleichung zu gelangen, könnte man daran denken, die vier Zahlen, welche angeben, wievielmal so gross die Schubstange als der Kurbelradius ist, als verschieden anzunehmen. Diese vier Zahlen, die in § 1 m genannt sind, seien m_1, m_2, m_3, m_4. Dann würden die acht Grundgleichungen sich von den obigen doch nur dadurch unterscheiden, dass $\frac{G_1}{m_1}$ statt G_1, $\frac{G_2}{m_2}$ statt G_2, $\frac{G_3}{m_3}$ statt G_3, $\frac{G_4}{m_4}$ statt G_4 in den vier letzten Gleichungen (197) bis (200) auftreten würde. Das Resultat der Elimination, also Formel (202), würde also genau dasselbe bleiben. Wir kämen also auf genau denselben Widerspruch wie oben. Auch wenn alle vier Kurbelradien und alle vier Schubstangen beliebige Längen haben dürften, würde die völlige Ausgleichung nicht erreichbar sein. Denn dann würde man (vergl. S. 8) $\frac{P_1 v_1^2}{g R_1}$ mit G_1, $\frac{P_2 v_2^2}{g R_2}$ mit G_2, $\frac{P_3 v_3^2}{g R_3}$ mit G_3, $\frac{P_4 v_4^2}{g R_4}$ mit G_4 bezeichnen, die vier m als verschieden ansehen und käme so doch auf die beiden Gleichungen (201) und (202), die oben als unverträglich erkannt sind.

§ 21. Unmöglichkeit der völligen Ausgleichung bei nur fünf Kurbeln, falls keine Kurbel einer andern parallel sein darf.

Es handelt sich hier darum, zu prüfen, ob eine brauchbare Lösung aus den folgenden acht Gleichungen hervorgeht:

$$(203) \quad G_1 \cos a_1 + G_2 \cos a_2 + G_3 \cos a_3 + G_4 \cos a_4 + G_5 \cos a_5 = 0,$$

$$(204) \quad G_1 \sin a_1 + G_2 \sin a_2 + G_3 \sin a_3 + G_4 \sin a_4 + G_5 \sin a_5 = 0,$$

$$(205)\quad G_1 l_1 \cos a_1 + G_2 l_2 \cos a_2 + G_3 l_3 \cos a_3 + G_4 l_4 \cos a_4 + G_5 l_5 \cos a_5 = 0,$$

$$(206)\quad G_1 l_1 \sin a_1 + G_2 l_2 \sin a_2 + G_3 l_3 \sin a_3 + G_4 l_4 \sin a_4 + G_5 l_5 \sin a_5 = 0,$$

$$(207)\quad G_1 \cos 2a_1 + G_2 \cos 2a_2 + G_3 \cos 2a_3 + G_4 \cos 2a_4 + G_5 \cos 2a_5 = 0,$$

$$(208)\quad G_1 \sin 2a_1 + G_2 \sin 2a_2 + G_3 \sin 2a_3 + G_4 \sin 2a_4 + G_5 \sin 2a_5 = 0,$$

$$(209)\quad G_1 l_1 \cos 2a_1 + G_2 l_2 \cos 2a_2 + G_3 l_3 \cos 2a_3 + G_4 l_4 \cos 2a_4 + G_5 l_5 \cos 2a_5 = 0,$$

$$(210)\quad G_1 l_1 \sin 2a_1 + G_2 l_2 \sin 2a_2 + G_3 l_3 \sin 2a_3 + G_4 l_4 \sin 2a_4 + G_5 l_5 \sin 2a_5 = 0.$$

Man multipliziere (203) mit l_5 und subtrahiere die so entstehende Gleichung von (205). Dadurch erhält man:

$$(211)\quad G_1(l_1 - l_5)\cos a_1 + G_2(l_2 - l_5)\cos a_2 + G_3(l_3 - l_5)\cos a_3 + G_4(l_4 - l_5)\cos a_4 = 0.$$

Ebenso verfahre man mit (204) und (206), ferner mit (207) und (209), endlich mit (208) und (210). Dadurch erhält man die drei weiteren Gleichungen:

$$(212)\quad G_1(l_1 - l_5)\sin a_1 + G_2(l_2 - l_5)\sin a_2 + G_3(l_3 - l_5)\sin a_3 + G_4(l_4 - l_5)\sin a_4 = 0,$$

$$(213)\quad G_1(l_1 - l_5)\cos 2a_1 + G_2(l_2 - l_5)\cos 2a_2 + G_3(l_3 - l_5)\cos 2a_3 + G_4(l_4 - l_5)\cos 2a_4 = 0,$$

$$(214)\quad G_1(l_1 - l_5)\sin 2a_1 + G_2(l_2 - l_5)\sin 2a_2 + G_3(l_3 - l_5)\sin 2a_3 + G_4(l_4 - l_5)\sin 2a_4 = 0.$$

Das System der vier Gleichungen (211) bis (214) stimmt nun genau mit dem in § 13 von (115) bis (118) aufgestellten System überein, nur dass $G_1(l_1 - l_5)$ statt G_1, $G_2(l_2 - l_5)$ statt G_2, $G_3(l_3 - l_5)$ statt G_3, $G_4(l_4 - l_5)$ statt G_4 gesetzt ist. Die Elimination dieser Grössen aus den vier Gleichungen muss daher zu genau demselben Resultat führen wie in § 13. Dort erhielten wir für den Fall, dass parallele Kurbeln ausgeschlossen sind, die Relation (132):

$$2\cos\frac{\gamma}{2}\cos\frac{\alpha}{2} = \cos\frac{\delta - \beta}{2},$$

wo $\alpha = a_2 - a_1$, $\beta = a_3 - a_2$, $\gamma = a_4 - a_3$, $\delta = a_1 - a_4$ gesetzt war. Hier erhalten wir also ganz dieselbe Relation, nur dass wir $\delta + \varepsilon$

für a_1 — a_4 setzen müssen, wenn wir hier, analog wie dort, die aufeinander folgenden Kurbelwinkel:

$$a_2 - a_1\,, \quad a_3 - a_2\,, \quad a_4 - a_3\,, \quad a_5 - a_4\,, \quad a_1 - a_5$$

beziehungsweise:

$$\alpha, \quad \beta, \quad \gamma, \quad \delta, \quad \varepsilon$$

nennen. Demzufolge resultiert aus dem Gleichungssystem (211) bis (214) die Relation:

$$(215) \qquad 2\cos\frac{\gamma}{2}\cos\frac{\alpha}{2} = \cos\frac{\delta+\varepsilon-\beta}{2}.$$

Die Gleichung (215) haben wir aus dem Gleichungssystem (211) bis (214) gewonnen, dadurch, dass wir aus den Gleichungen (203) bis (210) G_5 eliminierten. In derselben Weise kann man nun G_1, G_2, G_3, G_4 sich eliminiert denken. Dann werden vier weitere Relationen entstehen, die (215) analog sind und aus (215) durch cyklische Vertauschung hervorgehen, d. h. dadurch, dass man β für α, γ für β, δ für γ, ε für δ, α für ε setzt. So entstehen die vier weiteren Relationen:

$$(216) \qquad 2\cos\frac{\delta}{2}\cos\frac{\beta}{2} = \cos\frac{\varepsilon+\alpha-\gamma}{2},$$

$$(217) \qquad 2\cos\frac{\varepsilon}{2}\cos\frac{\gamma}{2} = \cos\frac{\alpha+\beta-\delta}{2},$$

$$(218) \qquad 2\cos\frac{\alpha}{2}\cos\frac{\delta}{2} = \cos\frac{\beta+\gamma-\varepsilon}{2},$$

$$(219) \qquad 2\cos\frac{\beta}{2}\cos\frac{\varepsilon}{2} = \cos\frac{\gamma+\delta-\alpha}{2}.$$

Es lässt sich nun beweisen, dass die fünf Gleichungen (215) bis (219) miteinander unverträglich sind. Man dividiere (215) durch (217). Dadurch erhält man:

$$\frac{\cos\frac{\alpha}{2}}{\cos\frac{\varepsilon}{2}} = \frac{\cos\frac{\delta+\varepsilon-\beta}{2}}{\cos\frac{\alpha+\beta-\delta}{2}} = \frac{\cos\frac{\varepsilon}{2}\cos\frac{\delta-\beta}{2} - \sin\frac{\varepsilon}{2}\sin\frac{\delta-\beta}{2}}{\cos\frac{\alpha}{2}\cos\frac{\delta-\beta}{2} + \sin\frac{\alpha}{2}\sin\frac{\delta-\beta}{2}}$$

oder:

$$\cos^2\frac{\alpha}{2}\cos\frac{\delta-\beta}{2} + \cos\frac{\alpha}{2}\sin\frac{\alpha}{2}\sin\frac{\delta-\beta}{2}$$
$$= \cos^2\frac{\varepsilon}{2}\cos\frac{\delta-\beta}{2} - \cos\frac{\varepsilon}{2}\sin\frac{\varepsilon}{2}\sin\frac{\delta-\beta}{2}.$$

Dividiert man nun durch $\cos\frac{\delta-\beta}{2}$, so erhält man:

$$\cos^2\frac{\alpha}{2}+\cos\frac{\alpha}{2}\sin\frac{\alpha}{2}\operatorname{tg}\frac{\delta-\beta}{2}=\cos^2\frac{\varepsilon}{2}-\cos\frac{\varepsilon}{2}\sin\frac{\varepsilon}{2}\operatorname{tg}\frac{\delta-\beta}{2}.$$

Man multipliziere dann mit zwei. Dann erhält man, nach Anwendung der Formeln $2\cos^2\frac{\alpha}{2}=1+\cos\alpha$ und $2\cos\frac{\alpha}{2}\sin\frac{\alpha}{2}=\sin\alpha$:

$$1+\cos\alpha+\sin\alpha\operatorname{tg}\frac{\delta-\beta}{2}=1+\cos\varepsilon-\sin\varepsilon\cdot\operatorname{tg}\frac{\delta-\beta}{2},$$

woraus sich berechnet:

$$\operatorname{tg}\frac{\delta-\beta}{2}=\frac{\cos\varepsilon-\cos\alpha}{\sin\alpha+\sin\varepsilon}=\frac{2\sin\frac{\alpha+\varepsilon}{2}\sin\frac{\alpha-\varepsilon}{2}}{2\sin\frac{\alpha+\varepsilon}{2}\cos\frac{\alpha-\varepsilon}{2}}=\operatorname{tg}\frac{\alpha-\varepsilon}{2}. \tag{220}$$

Es müssten also, wenn (215) und (217) richtig wären, die Tangens der halben Differenzen von δ und β und von α und ε gleich sein. Wenn aber die Tangens zweier Winkel gleich sind, so sind sie entweder gleich oder unterscheiden sich um 180 Grad. Dass hier letzteres nicht der Fall sein kann, folgt daraus, dass dann die ganzen Differenzen sich um 360 Grad unterscheiden müssten. Wir erhalten also:

$$\delta-\beta=\alpha-\varepsilon. \tag{221}$$

Man bemerke, dass das Heben von $\sin\frac{\alpha+\varepsilon}{2}$ in (220) gestattet war, weil $\frac{\alpha+\varepsilon}{2}$ nicht Null oder 180 Grad sein kann. Aus (221) schliessen wir:

$$\varepsilon+\delta=\alpha+\beta. \tag{222}$$

Solcher Gleichungen wie (222) kann man nun im ganzen fünf erhalten, indem man mit zwei anderen Gleichungen der Gruppe (215) bis (219) in analoger Weise verfährt. Man findet diese am besten durch cyklisches Weitergehen. Also müsste auch sein:

$$\alpha+\varepsilon=\beta+\gamma, \tag{223}$$

$$\beta+\alpha=\gamma+\delta, \tag{224}$$

$$\gamma+\beta=\delta+\varepsilon, \tag{225}$$

$$\delta+\gamma=\varepsilon+\alpha. \tag{226}$$

Addiert man nun (222) und (224), erhält man:

$$\varepsilon=\gamma.$$

Ebenso erhält man aus (223) und (225):

$$\alpha = \delta,$$

sowie aus (224) und (226):

$$\beta = \varepsilon,$$

endlich aus (225) und (222):

$$\gamma = \alpha.$$

Es müssten also alle fünf Winkel gleich sein, also jeder 72 Grad betragen. Dadurch würde aber aus (215) folgen:

$$2 \cos^2 36^0 = \cos 36^0,$$

oder, da $\cos 36^0$ nicht Null ist,

$$\cos 36^0 = \frac{1}{2},$$

was falsch ist. Demnach muss unsere Annahme, dass bei fünfcylindrigen Maschinen die acht Grundgleichungen verträglich sind, ohne dass zwei Kurbeln parallel stehen, falsch sein. Hiernach ist mathematisch streng bewiesen, dass alle Versuche, mit fünf Kurbeln eine völlig ausbalanzierte Schiffsmaschine ohne parallele Kurbelstellung herzustellen, notwendig scheitern müssen.

§ 22. Völlige Ausgleichung bei nur fünf Kurbeln, falls parallele Kurbelstellung gestattet ist.

Wenn gestattet ist, dass zwei Kurbeln auch parallele Richtung haben dürfen, so ist eine völlige Ausgleichung dann erreichbar, wenn zweimal zwei Kurbeln parallel sind, und die fünfte Kurbel mit jeder der beiden parallelen Richtungen einen Winkel von 120 Grad bildet, so dass auch diese beiden Richtungen miteinander unter 120 Grad geneigt sein müssen. Dass in diesem Falle unsere acht Grundgleichungen (203) bis (210) erfüllbar sind, lässt sich leicht erkennen. Denn wenn wir $a_1 = 0$, $a_2 = a_3 = 120^0$, $a_4 = a_5 = 240^0$ setzen, erhalten wir aus (203):

$$(227) \qquad G_1 + (G_2 + G_3)\left(-\frac{1}{2}\right) + (G_4 + G_5)\left(-\frac{1}{2}\right) = 0,$$

und aus (207) genau dasselbe. Dieselbe Einsetzung ergiebt ferner aus (204):

$$(G_2 + G_3)\left(\frac{1}{2}\sqrt{3}\right) + (G_4 + G_5)\left(-\frac{1}{2}\sqrt{3}\right) = 0, \tag{228}$$

woraus folgt:

$$G_2 + G_3 = G_4 + G_5. \tag{229}$$

Genau dasselbe erhält man aus (208).

Vereinigt man (229) mit (227), so erhält man:

$$G_1 = G_2 + G_3 = G_4 + G_5. \tag{230}$$

In ganz derselben Weise erhält man aus (205), (206), (209), (210):

$$G_1 l_1 = G_2 l_2 + G_3 l_3 = G_4 l_4 + G_5 l_5. \tag{231}$$

Wenn also nur die Gleichungen (230) und (231) erfüllt werden, so ist eine völlige Ausgleichung erreicht. Ehe wir auf die Art, wie die Gleichungen (230) und (231) zu erfüllen sind, näher eingehen, wollen wir beweisen, dass bei fünf Kurbeln die völlige Ausgleichung auf keine andere Weise erzielt werden kann, als auf die soeben besprochene Weise, welche durch (230), (231), sowie durch:

$$a_1 = 0, \quad a_2 = a_3 = 120^0, \quad a_4 = a_5 = 240^0$$

genau charakterisiert sind. Um zu beweisen, dass die obige Lösung die einzig mögliche ist, müssen wir von den acht Grundgleichungen in ganz allgemeiner Gestalt ausgehen und zeigen, dass keine andere Lösung bei strengster Diskussion resultieren kann.

Wir gehen von dem Gleichungssystem (211) bis (214) aus und verfahren damit ebenso wie in § 14 bei der Ableitung der Gleichung (138). Dadurch erhalten wir:

$$\begin{aligned} &G_1 G_2 (l_1 - l_5)(l_2 - l_5)\,[\cos(a_2 - a_1) - \cos 2(a_2 - a_1)] \\ &= G_3 G_4 (l_3 - l_5)(l_4 - l_5)\,[\cos(a_4 - a_3) - \cos 2(a_4 - a_3)]. \end{aligned} \tag{232}$$

Die Voraussetzung dieses Paragraphen ist, dass parallele Kurbelstellung gestattet ist. Wir thun daher der Allgemeinheit keinen Abbruch, wenn wir annehmen, dass ein Winkel, etwa

$$a_2 - a_1 = 0$$

ist. Daraus folgt, dass

$$\cos(a_2 - a_1) - \cos 2(a_2 - a_1) = 1 - 1 = 0$$

ist. Demnach ergiebt Formel (232):

$$\cos(a_4 - a_3) - \cos 2(a_4 - a_3) = 0.$$

Wenn aber der Cosinus eines Winkels gleich dem Cosinus seines Doppelten ist, so muss der Winkel 0 Grad oder 120 Grad oder 240 Grad betragen, wie aus:

$$\cos x = \cos 2x = 2\cos^2 x - 1$$

oder:

$$\frac{1}{2} = \cos^2 x - \frac{1}{2}\cos x$$

oder:

$$\cos x = \frac{1}{4} \pm \sqrt{\frac{1}{16} + \frac{1}{2}} = \frac{1}{4} \pm \frac{3}{4} = \begin{cases} 1 \\ -\frac{1}{2} \end{cases}$$

oder:

$$x = \begin{cases} 0^0 \\ 120^0 \text{ oder } 240^0 \end{cases}$$

hervorgeht. Wir sind also zu dem Resultat gekommen, dass die Annahme, $a_2 - a_1$ sei 0, nach sich zieht, dass $a_4 - a_3$ entweder 0 Grad oder 120 Grad oder 240 Grad beträgt.

In (232) war l_5 bevorzugt. Wenn man in derselben Weise l_4 und l_3 bevorzugt, aber G_1, G_2 und $a_2 - a_1$ festhält, so erhält man die analogen Formeln:

$$\begin{aligned} &G_1 G_2 (l_1 - l_4)(l_2 - l_4)[\cos(a_2 - a_1) - \cos 2(a_2 - a_1)] \\ &= G_3 G_5 (l_3 - l_4)(l_5 - l_4)[\cos(a_5 - a_3) - \cos 2(a_5 - a_3)] \end{aligned} \tag{233}$$

und:

$$\begin{aligned} &G_1 G_2 (l_1 - l_3)(l_2 - l_3)[\cos(a_2 - a_1) - \cos 2(a_2 - a_1)] \\ &= G_4 G_5 (l_4 - l_3)(l_5 - l_3)[\cos(a_5 - a_4) - \cos 2(a_5 - a_4)]. \end{aligned} \tag{234}$$

Da die Annahme $a_2 - a_1 = 0$ die linken Seiten dieser Gleichungen zu Null macht, so müssen auch die rechten Seiten zu Null werden, d. h. aber nach dem obigen, es müssen auch die beiden Winkel:

$$a_5 - a_3 \quad \text{und} \quad a_4 - a_3$$

entweder 0 Grad oder 120 Grad oder 240 Grad betragen.

Aus $a_2 - a_1 = 0$ folgt also, dass jeder der drei Winkel

$$a_4 - a_3, \quad a_5 - a_3, \quad a_5 - a_4$$

0 Grad oder 120 Grad oder 240 Grad betragen muss. Da nun

$$\cos x - \cos 2x$$

immer Null wird, gleichviel ob x Null oder 120 Grad oder 240 Grad beträgt, so können wir in derselben Weise wie oben aus $a_2 - a_1 = 0$ über $a_4 - a_3$, $a_5 - a_3$ und $a_5 - a_4$ geschlossen wurde, auch aus

$$\cos(a_4 - a_3) - \cos 2(a_4 - a_3) = 0$$

über

$$a_2 - a_1, \quad a_1 - a_5, \quad a_2 - a_5$$

schliessen, dass jeder dieser Winkel 0 Grad, 120 Grad oder 240 Grad betragen muss u. s. w. So gelangen wir zu dem Resultat, dass bei fünfkurbeligen Maschinen keine Kurbel mit irgend einer andern einen andern Winkel bilden kann als 0 Grad, 120 Grad oder 240 Grad.

Es ist nun unmöglich, dass drei Kurbeln einander parallel sind. Denn, wenn z. B. $a_1 = 0$, $a_2 = 0$, $a_3 = 0$ wäre, würde aus (212) folgen, dass auch $a_4 = 0^0$ oder 180^0 sein müsste, und aus der analogen a_1, a_2, a_3, a_5 verbindenden Gleichung, dass auch $a_5 = 0^0$ oder $= 180^0$ sein müsste. Wenn wir aber $a_1 = 0^0$, $a_2 = 0^0$, $a_3 = 0^0$, $a_4 = 0^0$ oder 180^0, $a_5 = 0^0$ oder 180^0 in (207) einsetzen, erhalten wir, dass die Summe aller fünf Gewichte Null sein müsste. Also können nicht drei Kurbeln parallel sein. Deshalb muss sich an den Winkel $a_2 - a_1$, von dem angenommen ist, dass er Null ist, nach jeder Seite ein Winkel von 120 Grad oder 240 Grad anschliessen. Da nun aber andere Winkel als solche von 0 Grad, 120 Grad, 240 Grad nicht vorkommen können, so bleibt einzig und allein übrig, dass, wenn die Kurbeln 1 und 2 parallel sind, auch von den drei andern zwei parallel sein müssen, während die Richtung der fünften Kurbel mit jeder der beiden andern Richtungen 120 Grad bilden muss.

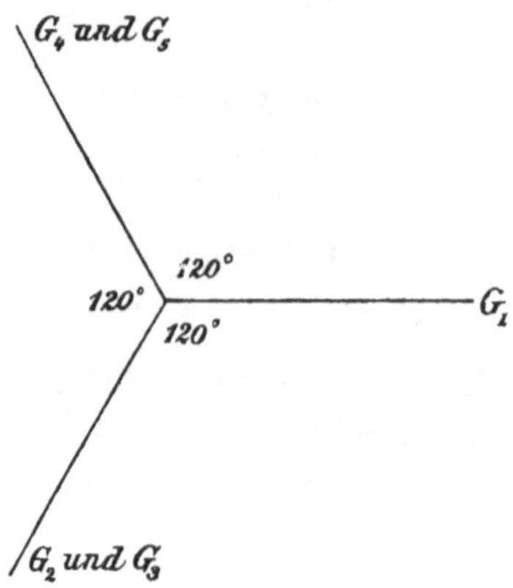

Fig. 19.

Damit ist bewiesen, dass eine völlige Ausgleichung bei fünf Cylindern nur in dem im Eingang dieses Paragraphen besprochenen Falle erzielt werden kann. In diesem Falle ist also das Kurbeldiagramm so, wie es Figur 19 zeigt.

Es handelt sich also nur noch darum, die Bedeutung der auf diesen Fall bezüglichen Gleichungen (230) und (231) auszusprechen. Zu diesem Zweck wollen wir die Abstände von demjenigen Cylinder aus zählen, zu dessen Kurbel keine andere parallel ist, also von dem Cylinder aus, dessen Gewicht G_1 ist. Dann haben wir $l_1 = 0$ zu setzen, und ersehen aus (230) und (231) folgendes:

Die Summe der Gewichte, die zu zwei Cylindern gehören, deren Kurbeln parallel sind, muss immer gleich dem Gewichte sein, das zu dem mittleren Cylinder gehört, dessen Kurbel keiner andern parallel ist, und die Abstände solcher zwei Cylinder von dem letztgenannten mittleren Cylinder, nach der einen und nach der andern Seite hin, müssen sich umgekehrt verhalten, wie die zugehörigen Gewichte. Dies ist der allgemeinste Fall, in welchem bei fünf Cylindern völlige Ausgleichung erzielt werden kann.

Symmetrie erhält man aus diesem allgemeinsten Fall dadurch, dass man

$$G_2 = G_3 = B, \quad G_4 = G_5 = C$$

setzt. Dann kommt aus (230):

$$B = \frac{1}{2} A, \quad C = \frac{1}{2} A,$$

wo A statt G_1 gesetzt ist. Aus (231) folgt in diesem speziellen Falle weiter nichts, als dass die beiden Cylinder, die zu dem Gewicht B gehören, zu verschiedenen Seiten des mittleren Cylinders, der zu dem Gewichte A gehört, in gleichen Abständen liegen müssen, und dass dasselbe für die Cylinder mit dem Gewichte C gilt. Dabei ist das Verhältnis der beiden Abstände sonst ganz gleichgültig. Insbesondere dürfen auch alle fünf Cylinder in vier gleichen Abständen

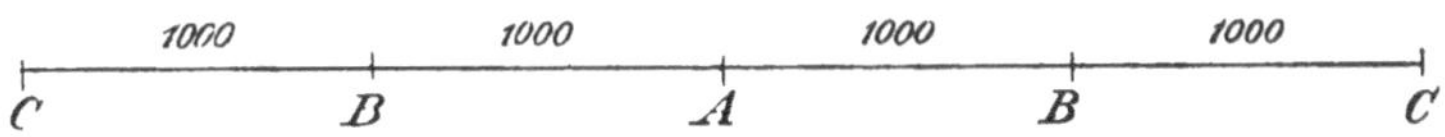

Fig. 20.

voneinander stehen. Das in Figur 19 gezeichnete Kurbeldiagramm verbindet sich also mit dem in Figur 20 dargestellten Abstandsdiagramm.

Praktisch ungünstig ist bei einer solchen völlig ausbalanzierten fünfcylindrigen Maschine zweierlei, erstens, dass zweimal zwei Kurbeln parallel sein müssen, und zweitens, dass das zum mittleren Cylinder gehörige Gewicht zu schwer sein muss, nämlich genau doppelt so schwer, als jedes der vier andern unter sich gleichen Gewichte.

§ 23. **Die völlig ausgeglichene und zugleich symmetrische sechskurbelige Maschine ohne parallele Kurbeln.**

Die völlige Ausgleichung beruht darauf, dass allen acht Grundgleichungen genügt wird. Denn dadurch verschwinden dauernd sowohl die primären vertikalen und kippenden Kräfte als auch die sekundären vertikalen und kippenden Kräfte. Eine solche völlige

Ausgleichung war bei weniger als fünf Cylindern überhaupt nicht erreichbar, wie in § 20 bewiesen ist. Sie war bei fünf Cylindern nur dadurch erreichbar, dass zweimal zwei Kurbeln parallel standen, wie in § 21 und § 22 bewiesen ist. Bei sechs Cylindern jedoch ist die völlige Ausgleichung auf mannigfache Weise erreichbar, und dies ist auch der Fall, wenn in den Kurbelwinkeln, in den Gewichten und in den Abständen Symmetrie herrscht. Wenn nämlich bei symmetrischer Anordnung dasselbe erreicht werden kann wie bei nichtsymmetrischer, so hat es keinen Sinn, sich mit den Fällen der Nichtsymmetrie zu beschäftigen. In den früheren Paragraphen wurden doch die Fälle der Nichtsymmetrie hauptsächlich nur deshalb eingehend erörtert, weil es doch noch möglich war, dass durch Nichtsymmetrie bezüglich der Ausgleichung mehr Vorteile erreicht werden konnten, als durch Symmetrie; denn bisher war eine allgemeine, auch die Nichtsymmetrie umfassende mathematische Diskussion der acht Grundgleichungen überhaupt noch nicht geliefert.

Da die Kurbelwinkel symmetrisch sein sollen, so zählen wir dieselben im Kurbeldiagramm von der rechten Hälfte der horizontal gedachten Symmetrieachse aus im Sinne eines Uhrzeigers positiv, im entgegengesetzten Sinne negativ, und bezeichnen sie mit

$$+\alpha, \quad +\beta, \quad +\gamma, \quad -\gamma, \quad -\beta, \quad -\alpha.$$

Die Cylinder mögen entsprechend:

$$A, \quad B, \quad C, \quad C', \quad B', \quad A'$$

heissen, so dass die Cylinder A und A', sowie B und B' und auch C und C' symmetrische Stellung haben, und ihre hin und her gehenden Teile auch gleiche Gewichte haben. Das Gewicht der Cylinder A und A' möge auch A, das der Cylinder B und B' möge auch B, das der Cylinder C und C' möge auch C heissen. Die Cylinder A und A', ebenso wie B und B' und wie C und C' müssen von der Mitte gleiche Abstände haben. Wir bezeichnnn deshalb die Abstände der sechs Cylinder:

$$A, \quad B, \quad C, \quad C', \quad B', \quad A'$$

von der Mitte der Reihe nach mit:

$$+a, \quad +b, \quad +c, \quad -c, \quad -b, \quad -a.$$

Gemäss diesen Bezeichnungen wird aus unsern acht Grundgleichungen (§ 1):

$$A\ \cos\ \alpha + B\ \cos\ \beta + C\ \cos\ \gamma + C\ \cos\ \gamma + B\ \cos\ \beta + A\ \cos\ \alpha = 0,$$
$$A\ \sin\ \alpha + B\ \sin\ \beta + C\ \sin\ \gamma - C\ \sin\ \gamma - B\ \sin\ \beta - A\ \sin\ \alpha = 0,$$
$$A\ \cos 2\alpha + B\ \cos 2\beta + C\ \cos 2\gamma + C\ \cos 2\gamma + B\ \cos 2\beta + A\ \cos 2\alpha = 0,$$
$$A\ \sin 2\alpha + B\ \sin 2\beta + C\ \sin 2\gamma - C\ \sin 2\gamma - B\ \sin 2\beta - A\ \sin 2\alpha = 0,$$
$$Aa \cos\ \alpha + Bb \cos\ \beta + Cc \cos\ \gamma - Cc \cos\ \gamma - Bb \cos\ \beta - Aa \cos\ \alpha = 0,$$
$$Aa \sin\ \alpha + Bb \sin\ \beta + Cc \sin\ \gamma + Cc \sin\ \gamma + Bb \sin\ \beta + Aa \sin\ \alpha = 0,$$
$$Aa \cos 2\alpha + Bb \cos 2\beta + Cc \cos 2\gamma - Cc \cos 2\gamma - Bb \cos 2\beta - Aa \cos 2\alpha = 0,$$
$$Aa \sin 2\alpha + Bb \sin 2\beta + Cc \sin 2\gamma + Cc \sin 2\gamma + Bb \sin 2\beta + Aa \sin 2\alpha = 0.$$

Die zweite, vierte, fünfte und siebente dieser acht Gleichungen werden identisch erfüllt. Aus den vier andern ergiebt sich nach Division durch 2:

$$A\ \cos\ \alpha + B\ \cos\ \beta + C\ \cos\ \gamma = 0, \tag{235}$$
$$A\ \cos 2\alpha + B\ \cos 2\beta + C\ \cos 2\gamma = 0, \tag{236}$$
$$Aa \sin\ \alpha + Bb \sin\ \beta + Cc \sin\ \gamma = 0, \tag{237}$$
$$Aa \sin 2\alpha + Bb \sin 2\beta + Cc \sin 2\gamma = 0. \tag{238}$$

Diese vier Gleichungen sind notwendig und hinreichend dafür, dass eine symmetrisch gebaute Maschine mit sechs Kurbeln völlig ausbalanziert sei. Die vier Bedingungsgleichungen verknüpfen im wesentlichen sieben Grössen miteinander, nämlich die drei Kurbelwinkel α, β, γ, zwei Gewichtsverhältnisse $A : C$ und $B : C$, sowie zwei Abstandsverhältnisse $a : c$ und $b : c$. Es muss daher durch Elimination der drei Kurbelwinkel eine Relation zwischen den drei Gewichten und den drei Abständen entstehen. Es können daher nicht alle vier Verhältnisse, nämlich die beiden Gewichtsverhältnisse und die beiden Abstandsverhältnisse willkürlich angenommen werden, sondern nur drei von diesen Grössen. Einerseits deswegen, andererseits, weil die genannte Relation für jede darin auftretende Grösse eine Gleichung von sehr hohem Grade wird, so verzichten wir auf die allgemeine Behandlung, und begnügen uns mit der Behandlung spezieller Fälle, wobei wir zahlreiche Berechnungen unterdrücken, weil ihre Resultate von den Forderungen der Praxis, namentlich bezüglich der Abstandsverhältnisse, gar zu sehr abweichen.

I. $A = B = C$.

Wir untersuchen zunächst, ob die symmetrische völlige Ausgleichung unter der Annahme möglich ist, dass alle sechs Gewichte gleich sind. In diesem Falle fallen aus den Formeln (235) bis (238) die Grössen A, B, C ganz heraus, und wir haben zunächst das Gleichungssystem:

$$\cos\alpha + \cos\beta + \cos\gamma = 0,$$
$$\cos 2\alpha + \cos 2\beta + \cos 2\gamma = 0$$

zu behandeln. Die Elimination von γ bewerkstelligt sich auf folgende Weise:

$$\begin{aligned} -\cos 2\alpha - \cos 2\beta = \cos 2\gamma &= 2\cos^2\gamma - 1 \\ &= 2(-\cos\alpha - \cos\beta)^2 - 1 \\ &= 2\cos^2\alpha + 2\cos^2\beta + 4\cos\alpha\cos\beta - 1 \end{aligned}$$

oder:

$$-2\cos^2\alpha - 2\cos^2\beta + 2 = 2\cos^2\alpha + 2\cos^2\beta + 4\cos\alpha\cos\beta - 1$$

oder:

$$0 = 4\cos^2\alpha + 4\cos^2\beta + 4\cos\alpha\cos\beta - 3$$

oder:

$$\cos^2\beta + \cos\beta\cos\alpha = -\cos^2\alpha + \frac{3}{4}$$

oder:

$$\cos\beta = -\frac{1}{2}\cos\alpha \pm \sqrt{\frac{1}{4}\cos^2\alpha - \cos^2\alpha + \frac{3}{4}}$$

oder, da $\beta < 180^0$ sein muss,

$$\cos\beta = -\frac{1}{2}\cos\alpha + \sqrt{\frac{3}{4}(1 - \cos^2\alpha)}$$

oder:

(239) $$\cos\beta = -\frac{1}{2}\cos\alpha + \frac{1}{2}\sqrt{3}\sin\alpha.$$

Hieraus folgt, da $\cos\gamma = -\cos\beta - \cos\alpha$ sein muss,

(240) $$\cos\gamma = -\frac{1}{2}\cos\alpha - \frac{1}{2}\sqrt{3}\sin\alpha.$$

Aus (239) und (240) folgt, da α, β, γ alle $< 180^0$ sein müssen,

$$\cos\beta = \cos 120^0 \cos\alpha + \sin 120^0 \sin\alpha$$
$$\cos\gamma = \cos 120^0 \cos\alpha - \sin 120^0 \sin\alpha$$

oder:

(241) $$\cos\beta = \cos(120^0 - \alpha) \quad \text{oder} \quad \beta = 120^0 - \alpha$$

(242) $$\cos\gamma = \cos(120^0 + \alpha) \quad \text{oder} \quad \gamma = 120^0 + \alpha.$$

Hiernach scheint es, als ob α beliebig ist, und dann β und γ von α abhängen. Wenn wir jedoch noch die Gleichungen (237) und (238) berücksichtigen und beachten, dass weder a, b, c noch ihre Differenzen oder Summen gleich sein dürfen (weil sonst zwei Cylinder an derselben Stelle stehen würden), so erhalten wir, dass α nicht beliebig ist, sondern 60 Grad betragen muss. Denn aus (237) und (238) folgt mit Beachtung von (241) und (242):

$$\begin{cases} a\sin\alpha + b\left(\frac{1}{2}\sqrt{3}\cos\alpha + \frac{1}{2}\sin\alpha\right) + c\left(\frac{1}{2}\sqrt{3}\cos\alpha - \frac{1}{2}\sin\alpha\right) = 0, \\ a\sin 2\alpha + b\left(-\frac{1}{2}\sqrt{3}\cos 2\alpha + \frac{1}{2}\sin 2\alpha\right) + c\left(-\frac{1}{2}\sqrt{3}\cos 2\alpha - \frac{1}{2}\sin 2\alpha\right) = 0, \end{cases}$$

woraus folgt:

$$\left.\begin{aligned} &(243) \quad a\sin\alpha + (b+c)\cdot\frac{1}{2}\sqrt{3}\cos\alpha + (b-c)\cdot\frac{1}{2}\sin\alpha = 0, \\ &(244) \quad a\sin 2\alpha - (b+c)\ \frac{1}{2}\sqrt{3}\cos 2\alpha + (b-c)\ \frac{1}{2}\sin 2\alpha = 0. \end{aligned}\right\}$$

Um a zu eliminieren, multiplizieren wir (243) mit $2\cos\alpha$ und subtrahieren dann (244). Dadurch kommt:

$$(b+c)\frac{1}{2}\sqrt{3}\,(2\cos^2\alpha + \cos 2\alpha) + (b-c)\frac{1}{2}(2\sin\alpha\cos\alpha - \sin 2\alpha) = 0$$

oder, da $\cos 2\alpha = 2\cos^2\alpha - 1$ und $\sin 2\alpha = 2\sin\alpha\cos\alpha$ ist,

$$(b+c)\cdot\frac{1}{2}\sqrt{3}\,(4\cos^2\alpha - 1) = 0,$$

woraus, da $b + c$ nicht Null sein kann, folgt:

$$\cos^2\alpha = \frac{1}{4} \quad \text{oder} \quad \cos\alpha = \pm\frac{1}{2} \quad \text{oder} \quad \begin{Bmatrix} \alpha = 60^0 \\ \alpha = 120^0 \end{Bmatrix}.$$

Aus $\alpha = 60^0$ erhält man nun vermittelst (241) und (242):

$$\beta = 120^0 - 60^0 = 60^0,$$
$$\gamma = 120^0 + 60^0 = 180^0.$$

Aus $\alpha = 120^0$ erhält man $\gamma = 240^0$, was nicht möglich ist, da $\alpha, \beta, \gamma < 180^0$ sein sollen. Die gefundenen Werte:

$$\alpha = 60^0, \quad \beta = 60^0, \quad \gamma = 180^0$$

sprechen aus, dass von den sechs Kurbeln dreimal zwei parallel sein müssen, und dass die drei durch sie gegebenen Richtungen miteinander je 120 Grad bilden. Dieses Resultat steht nun aber in Widerspruch damit, dass die sechs Cylinder an sechs verschiedenen

Stellen stehen müssen. Denn die Einsetzung der drei gefundenen Winkelwerte in (237) und (238) ergiebt:

$$\left.\begin{aligned} a\cdot\frac{1}{2}\sqrt{3}+b\cdot\frac{1}{2}\sqrt{3}+c\cdot 0=0,\\ a\cdot\frac{1}{2}\sqrt{3}+b\cdot\frac{1}{2}\sqrt{3}+c\cdot 0=0,\end{aligned}\right\}$$

oder $a+b=0$ oder $a=-b$, was hiesse, dass Cylinder A und Cylinder B' an derselben Stelle stehen müssten. Unser Resultat lautet also:

Die symmetrische völlige Ausgleichung ist durch sechs gleiche Gewichte nicht ausführbar.

II. $B=C$.

Da $A=B=C$ sich in I. als unmöglich herausgestellt hat, versuchen wir, ob vielleicht zwei dieser drei Grössen gleich sein können, und wählen $B=C$. Der Kürze wegen bezeichnen wir das Verhältnis

$$\frac{A}{B}=\frac{A}{C}$$

mit w.

Dadurch wird aus (235) und (236):

$$w\cos\alpha+\cos\beta+\cos\gamma=0, \tag{245}$$

$$w\cos 2\alpha+\cos 2\beta+\cos 2\gamma=0. \tag{246}$$

Wir wollen nun $\cos\beta$ und $\cos\gamma$ abhängig von w und $\cos\alpha$ darstellen. Dies geschieht durch Lösung einer quadratischen Gleichung. Wir eliminieren γ, indem wir setzen:

$$-w\cos 2\alpha-\cos 2\beta=\cos 2\gamma=2\cos^2\gamma-1=2(w\cos\alpha+\cos\beta)^2-1$$

oder:

$$-2w\cos^2\alpha-2\cos^2\beta+w+1=2w^2\cos^2\alpha+2\cos^2\beta+4w\cos\alpha\cos\beta-1$$

oder:

$$0=4\cos^2\beta+4w\cos\alpha\cos\beta+2w^2\cos^2\alpha+2w\cos^2\alpha-w-2$$

oder:

$$(2\cos\beta)^2+2(w\cos\alpha)(2\cos\beta)=-2w^2\cos^2\alpha-2w\cos^2\alpha+w+2$$

oder:

$$2\cos\beta=-w\cos\alpha\pm\sqrt{-w^2\cos^2\alpha-2w\cos^2\alpha+w+2}$$

oder:

$$\cos\beta=-\frac{w}{2}\cos\alpha\pm\frac{1}{2}\sqrt{(w+2)(1-w\cos^2\alpha)}.$$

Hieraus folgt, da $\cos\gamma = -w\cos\alpha - \cos\beta$ ist,

$$\cos\gamma = -\frac{w}{2}\cos\alpha \mp \frac{1}{2}\sqrt{(w+2)(1-w\cos^2\alpha)}.$$

Da $\gamma > \beta$, also $\cos\gamma < \cos\beta$ sein muss, so ist bei $\cos\beta$ vor der Quadratwurzel das obere Vorzeichen, bei $\cos\gamma$ das untere zu nehmen. Also heisst unser Resultat:

(247) $$\cos\beta = -\frac{w}{2}\cos\alpha + \frac{1}{2}\sqrt{(w+2)(1-w\cos^2\alpha)}.$$

(248) $$\cos\gamma = -\frac{w}{2}\cos\alpha - \frac{1}{2}\sqrt{(w+2)(1-w\cos^2\alpha)}.$$

Für $w = 1$ kommen wir auf die Formeln (239) und (240) zurück, also auf den in I. als unmöglich erkannten Fall. Nachdem w und α willkürlich gewählt sind, findet man β aus (247) und γ aus (248). Um nun auch die Abstandsverhältnisse zu finden, benutzen wir (237) und (238). Aus ihnen folgt für $B = C$ und $\frac{A}{B} = w$:

$$wa\sin\alpha + b\sin\beta + c\sin\gamma = 0,$$
$$wa\sin 2\alpha + b\sin 2\beta + c\sin 2\gamma = 0.$$

Aus diesen Gleichungen eliminieren wir c, indem wir die erste mit $2\cos\gamma$ multiplizieren und dann subtrahieren. Dadurch erhalten wir:

$$wa(2\cos\gamma\sin\alpha - \sin 2\alpha) + b(2\cos\gamma\sin\beta - \sin 2\beta) = 0$$

oder, nachdem die Formel $\sin 2\varepsilon = 2\sin\varepsilon\cos\varepsilon$ angewandt ist,

$$wa\sin\alpha(\cos\gamma - \cos\alpha) + b\sin\beta(\cos\gamma - \cos\beta) = 0,$$

woraus folgt:

(249) $$\frac{-b}{a} = \frac{w\sin\alpha(\cos\alpha - \cos\gamma)}{\sin\beta(\cos\beta - \cos\gamma)}.$$

Ebenso erhält man durch Elimination von b:

(250) $$\frac{c}{a} = \frac{w\sin\alpha(\cos\alpha - \cos\beta)}{\sin\gamma(\cos\beta - \cos\gamma)}.$$

Diese Formeln (249) und (250), im Verein mit (247) und (248), sind es nun, nach denen der Verfasser zahlreiche Beispiele berechnet hat, um auf Abstandsverhältnisse zu stossen, die mit den in § 3 erörterten Forderungen der Praxis einigermassen vereinbar sind. Dabei zeigte sich, dass diejenigen Fälle, bei denen von den sechs Kurbelwinkeln abwechselnd drei nahezu rechte Winkel wurden, immer am günstigsten für die Forderungen der Praxis ausfielen. Es wird deshalb in III. von vornherein die Annahme gemacht werden, dass von den sechs Kurbelwinkeln abwechselnd drei rechte Winkel sind. Da die Berechnung sich dann auch viel einfacher gestaltet als die nach den obigen Formeln, so leiten wir diesen Fall direkt aus den vier Grundformeln dieses Paragraphen ab, und nehmen hier nur noch ein Beispiel, bei dem zwar die Abstandsverhältnisse mit den Forderungen der Praxis gut harmonieren, bei denen aber das Gewichtsverhältnis w gar zu weit von 1 abweicht. Dieses Beispiel hat jedoch, dem letztgenannten Übelstand gegenüber, den Vorzug, dass alle Kurbelwinkel Vielfache von 30 Grad werden. Wir setzen nämlich $a = 45^0$, $w = \sqrt{3}$. Dann erhalten wir aus (247):

$$\cos\beta = -\frac{1}{2}\sqrt{3}\cdot\frac{1}{2}\sqrt{2} + \frac{1}{2}\sqrt{(\sqrt{3}+2)\left(1-\sqrt{3}\cdot\frac{1}{2}\right)}$$

$$= -\frac{1}{4}\sqrt{6} + \frac{1}{2}\sqrt{\sqrt{3}+2-\frac{3}{2}-\sqrt{3}}$$

$$= -\frac{1}{4}\sqrt{6} + \frac{1}{4}\sqrt{2} = -\frac{1}{4}(\sqrt{6}-\sqrt{2}).$$

Hieraus folgt aber, das β genau 105^0 sein muss. Aus (248) erhalten wir in ähnlicher Weise

$$\cos\gamma = -\frac{1}{4}\sqrt{6} - \frac{1}{4}\sqrt{2} = -\frac{1}{4}(\sqrt{6}+\sqrt{2}),$$

woraus folgt, dass $\gamma = 165^0$ sein muss.

Die Abstandsverhältnisse ergeben sich nun aus (249) und (250) in folgender Weise:

$$\frac{-b}{a} = \frac{\sqrt{3}\cdot\frac{1}{2}\sqrt{2}\left(\frac{1}{2}\sqrt{2}+\frac{1}{4}\sqrt{6}+\frac{1}{4}\sqrt{2}\right)}{\frac{1}{4}(\sqrt{6}+\sqrt{2})\left(-\frac{1}{4}\sqrt{6}+\frac{1}{4}\sqrt{2}+\frac{1}{4}\sqrt{6}+\frac{1}{4}\sqrt{2}\right)}$$

$$= \frac{\frac{1}{2}\sqrt{3}+\frac{3}{4}+\frac{1}{4}\sqrt{3}}{\frac{1}{4}(\sqrt{6}+\sqrt{2})\cdot\frac{1}{2}\sqrt{2}} = \frac{\frac{3}{4}+\frac{3}{4}\sqrt{3}}{\frac{1}{4}\sqrt{3}+\frac{1}{4}} = \frac{3\sqrt{3}+3}{\sqrt{3}+1}$$

$$= \frac{(3\sqrt{3}+3)(\sqrt{3}-1)}{3-1} = \frac{9+3\sqrt{3}-3\sqrt{3}-3}{2} = \frac{6}{2} = 3;$$

ferner:

$$\frac{c}{a}=\frac{\sqrt{3}\cdot\frac{1}{2}\sqrt{2}\left(\frac{1}{2}\sqrt{2}+\frac{1}{4}\sqrt{6}-\frac{1}{4}\sqrt{2}\right)}{\frac{1}{4}(\sqrt{6}-\sqrt{2})\left(-\frac{1}{4}\sqrt{6}+\frac{1}{4}\sqrt{2}+\frac{1}{4}\sqrt{6}+\frac{1}{4}\sqrt{2}\right)}$$

$$=\frac{\frac{1}{2}\sqrt{3}+\frac{3}{4}-\frac{1}{4}\sqrt{3}}{\frac{1}{4}(\sqrt{6}-\sqrt{2})\cdot\frac{1}{2}\sqrt{2}}=\frac{\frac{3}{4}+\frac{1}{4}\sqrt{3}}{\frac{1}{4}\sqrt{3}-\frac{1}{4}}=\frac{3+\sqrt{3}}{\sqrt{3}-1}$$

$$=\frac{(3+\sqrt{3})(\sqrt{3}+1)}{3-1}=\frac{6+4\sqrt{3}}{2}=3+2\sqrt{3}=6{,}464.$$

Das negative Zeichen vor b in (249) sagt natürlich aus, dass, wenn die Cylinder A und C rechts von der Mitte stehen, der Cylinder B links stehen muss, so dass

$$A,\quad B',\quad C$$

von der Mitte aus rechts stehen, während

$$C',\quad B,\quad A'$$

von der Mitte aus links stehen.

Was die Abstände der Cylinder voneinander anbetrifft, so ergiebt sich, dass die vier mittleren gleich weit voneinander abstehen, während jeder der beiden äusseren Cylinder von dem ihm zunächst benachbarten um 3464 Einheiten entfernt ist, wenn die inneren gleichen Abstände 2000 Einheiten betragen. Die Entfernungen benachbarter Cylinder verhalten sich also der Reihe nach wie

1732 zu 1000 zu 1000 zu 1000 zu 1732.

Das Kurbeldiagramm und das Abstandsdiagramm zeigt Figur 21.

Was die Gewichte anbetrifft, so muss jedes der beiden Gewichte, die den der Mitte benachbarten Cylindern angehören, $\sqrt{3}$ oder 1,732mal so gross sein als jedes der vier übrigen Gewichte, die unter sich gleich sind.

III. $\beta=90^{0}+\alpha,\quad \gamma=135^{0}.$

Für $\beta=90^{0}+\alpha$, $\gamma=135^{0}$ bilden die Kurbeln der Cylinder A und B, die der Cylinder C und C', sowie die der Cylinder B' und A' je einen rechten Winkel. Aus den Gleichungen (235) bis (238) wird für $\beta=90^{0}+\alpha$, $\gamma=135^{0}$:

$$A \cos \alpha - B \sin \alpha - C \cdot \frac{1}{2}\sqrt{2} = 0, \tag{251}$$

$$A \cos 2\alpha - B \cos 2\alpha + C \cdot 0 = 0, \tag{252}$$

$$A a \sin \alpha + B b \cos \alpha + C c \cdot \frac{1}{2}\sqrt{2} = 0, \tag{253}$$

$$A a \sin 2\alpha - B b \sin 2\alpha - C c = 0. \tag{254}$$

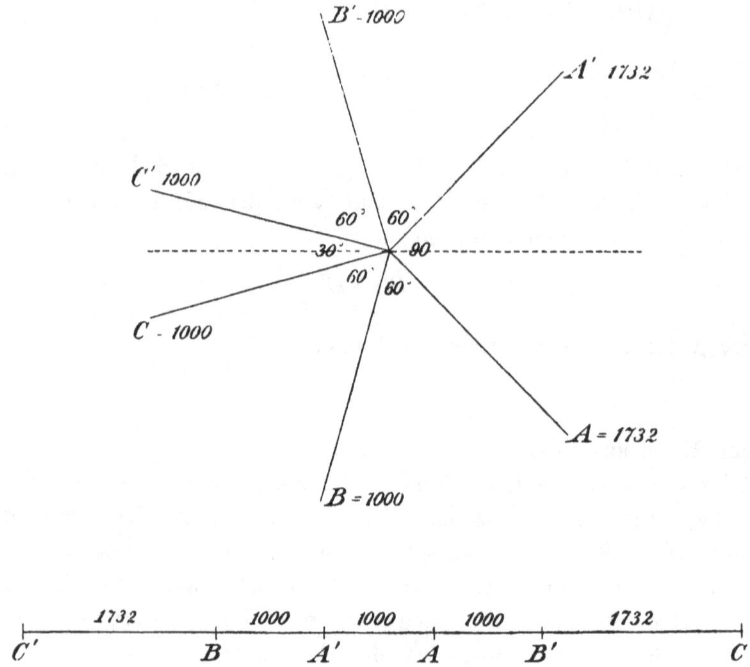

Fig. 21.

Da $\cos 2\alpha$ nicht Null sein kann, weil sonst 2α einen rechten Winkel beträge, und dann zweimal zwei Kurbeln einen Winkel von 180^0 bilden würden, so folgt aus (252):

$$A = B.$$

Wir setzen dies in die übrigen Gleichungen ein, indem wir zugleich

$$\frac{C}{A} = \frac{C}{B} = x$$

setzen. Dann erhalten wir aus (251):

$$\cos \alpha - \sin \alpha = \frac{1}{2} x \sqrt{2}.$$

Da $\cos 45^0 = \sqrt{\frac{1}{2}}$ und $\sin 45^0$ auch $= \sqrt{\frac{1}{2}}$ ist, so multiplizieren wir diese Gleichung mit $\sqrt{\frac{1}{2}}$:

$$\sqrt{\frac{1}{2}} \cos \alpha - \sqrt{\frac{1}{2}} \sin \alpha = \frac{1}{2} x$$

oder:

$$\cos 45^0 \cos \alpha - \sin 45^0 \sin \alpha = \frac{1}{2} x$$

oder:

(255) $$\cos (45^0 + \alpha) = \frac{1}{2} x .$$

Diese Gleichung liefert auf leichteste Weise aus dem gegebenen Gewichtsverhältnis $\frac{C}{A} = \frac{C}{B} = x$ den Kurbelwinkel α, also das ganze Kurbeldiagramm.

Um auch die Abstandsverhältnisse zu bekommen, benutzen wir (253) und (254). Aus ihnen folgt durch Einführung von x:

(256) $$a \sin \alpha + b \cos \alpha + xc \sqrt{\frac{1}{2}} = 0 ,$$

(257) $$(a - b) \sin 2\alpha = xc .$$

Da wegen (256) die Abstände nicht alle zugleich positiv sein können, berechnen wir aus beiden Gleichungen $-\frac{b}{a}$ durch Elimination von c. Wir erhalten durch Substitution:

$$a \sin \alpha + b \cos \alpha + (a \sin 2\alpha - b \sin 2\alpha) \sqrt{\frac{1}{2}} = 0 ,$$

oder:

$$a(\sqrt{2} \sin \alpha + \sin 2\alpha) + b(\sqrt{2} \cos \alpha - \sin 2\alpha) = 0$$

oder:

$$-\frac{b}{a} = \frac{\sqrt{2} \sin \alpha + 2 \sin \alpha \cos \alpha}{\sqrt{2} \cos \alpha - 2 \sin \alpha \cos \alpha}$$

oder:

(258) $$-\frac{b}{a} = \operatorname{tg} \alpha \cdot \frac{\sqrt{2} + 2 \cos \alpha}{\sqrt{2} - 2 \sin \alpha} .$$

Für $\frac{c}{a}$ ergiebt sich dann aus (257):

(259) $$\frac{c}{a} = \left(1 - \frac{b}{a}\right) \frac{\sin 2\alpha}{x} = \left(1 - \frac{b}{a}\right) \frac{\sin 2\alpha}{2 \cos (45 + \alpha)} .$$

Wenn wir $x = 1$ annehmen, so folgt aus (255), dass α 15 Grad betragen muss. Dann ergiebt sich

$$-\frac{b}{a} = 1 \quad \text{und} \quad \frac{c}{a} = 1,$$

also Unmögliches, wie schon in I. erkannt ist.

Wenn $x < 1$ ist, muss x nach den Forderungen der Praxis mindestens $\frac{2}{3}$ betragen. Dadurch bekommen wir vermittelst (255) eine obere Grenze für den Winkel α, nämlich:

$$\cos(45 + \alpha) = \frac{1}{2} \cdot \frac{2}{3} = \frac{1}{3} = 0{,}33333,$$

also

$$45^0 + \alpha = 70^0\,32' \quad \text{oder} \quad \alpha = 25^0\,32'.$$

Wenn wir $x > 1$ annehmen, so ergiebt sich $\alpha < 15^0$, also für die Praxis gar zu klein. Wir wollen deshalb $x < 1$ annehmen, und haben deshalb für α die Grenzen 15^0 und $25^0\,32'$.

Der Verfasser hat nun die Berechnungen für viele Fälle innerhalb dieser Grenzen ausgeführt und dabei gefunden, dass, je mehr α kleiner als $25^0\,32'$ angenommen wird, desto ungünstiger die Abstandsverhältnisse gegenüber den Forderungen der Praxis werden. Um nun bei dem Gewichtsverhältnis ebensowohl wie bei dem Abstandsverhältnis den äussersten Grenzen nicht gar zu nahe zu kommen, nehmen wir zuerst als praktisch brauchbares Beispiel:

$$\alpha = 23^0.$$

Dann ergiebt sich:

$$\begin{aligned} x &= 2\cos(45^0 + \alpha) = 2\cos 68^0 \\ &= 2 \cdot 0{,}37461 = \underline{\underline{0{,}74922}}. \end{aligned}$$

Das Gewicht für jeden der beiden äusseren Cylinder müsste also 749 betragen, wenn das Gewicht für jeden der vier inneren Cylinder je 1000 beträgt.

Die Berechnung des Abstandsverhältnisses $\frac{-b}{a}$ nach (258) gestaltet sich nun folgendermassen:

$$\begin{array}{rr@{\qquad\qquad}r} \cos 23^0 = & 0{,}92050 & \sin 23^0 = 0{,}39073 \\ & 2 & 2 \\ \hline & 1{,}84100 & 0{,}78146 \\ \sqrt{2} = & 1{,}41421 & 1{,}41421 \\ \hline & 3{,}25521 & 0{,}63275 \end{array}$$

$$
\begin{aligned}
\log 3{,}25521 &= 0{,}51258 \\
\log 0{,}63275 &= \underline{0{,}80123 - 1} \\
& \ 0{,}71135 \\
\operatorname{logtg} 23^0 &= \underline{9{,}62785 - 10} \\
& \ 10{,}33920 - 10
\end{aligned}
\qquad \Bigg| \qquad \frac{-b}{a} = \underline{\underline{2{,}1837\,.}}
$$

Hieraus berechnet sich das Abstandsverhältnis $\frac{c}{a}$ nach (259) folgendermassen:

$$
\begin{aligned}
\log\left(1 - \frac{b}{a}\right) = \log 3{,}1837 &= 0{,}50293 \\
\log \sin 46^0 &= \underline{9{,}85693 - 10} \\
& \ 10{,}35986 - 10 \\
\log 0{,}74922 &= \underline{0{,}87461 - 1} \\
& \ 0{,}48525
\end{aligned}
\qquad \Bigg| \qquad \frac{c}{a} = \underline{\underline{3{,}0566\,.}}
$$

Wenn also die Abstände der beiden inneren Cylinder von der Mitte gleich 1000 angenommen werden, muss jeder der beiden zunächst benachbarten Cylinder den Abstand 2184 von der Mitte haben

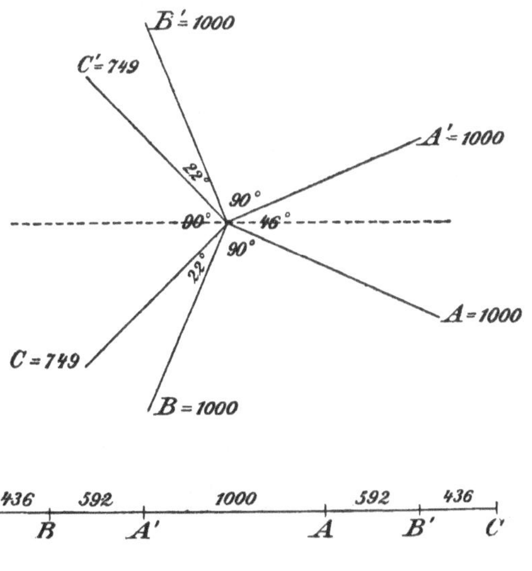

Fig. 22.

und jeder der beiden äusseren Cylinder muss 3057 von der Mitte entfernt sein. Die Reihenfolge der Cylinder ist, wegen des negativen Zeichens vor b, folgende:

$$C', \quad B, \quad A', \quad A, \quad B', \quad C$$

oder umgekehrt. Aus dem obigen ergiebt sich der Abstand:

$$A'A = 2000, \quad BA' = 1184, \quad C'B = 3057 - 2184 = 873.$$

Daher ist das Verhältnis der Abstände benachbarter Cylinder:

873 zu 1184 zu 2000 zu 1184 zu 873

oder:

436 zu 592 zu 1000 zu 592 zu 436.

Da der kleinste Abstand über 43 Prozent des grössten Abstandes beträgt, so sind die Forderungen der Praxis erfüllt.

Das Abstandsdiagramm und das Kurbeldiagramm zeigt die Figur 22.

Zweitens nehmen wir $\alpha = 25^0$. Dadurch wird das Gewichtsverhältnis etwas ungünstiger, das Abstandsverhältnis aber viel günstiger.

$$x = 2\cos(45^0 + 25^0) = 2\cos 70^0 = 2 \cdot 0{,}34202 = \underline{\underline{0{,}68404}}.$$

$$\begin{array}{rlrl}
\cos 25^0 = & 0{,}90631 & \sin 25^0 = & 0{,}42262 \\
& 2 & & 2 \\
\hline
& 1{,}81262 & & 0{,}84524 \\
\sqrt{2} = & 1{,}41421 & & 1{,}41421 \\
\hline
& 3{,}22683 & & 0{,}56897
\end{array}$$

$$\begin{array}{rl}
\log 3{,}22683 = & 0{,}50878 \\
\log 0{,}56897 = & 0{,}75509 - 1 \\
\hline
& 0{,}75369 \\
\log\mathrm{tg}\, 25^0 = & 9{,}66867 - 10 \\
\hline
& 0{,}42236
\end{array} \quad \Bigg| \quad \frac{-b}{a} = \underline{\underline{2{,}645.}}$$

$$\begin{array}{rl}
\log\left(1 - \frac{b}{a}\right) = \log 3{,}6446 = & 0{,}56165 \\
\log \sin 50^0 = & 9{,}88425 \\
\hline
& 10{,}44590 - 10 \\
\log 0{,}68404 = & 0{,}83508 - 1 \\
\hline
& 0{,}61082
\end{array} \quad \Bigg| \quad \frac{c}{a} = \underline{\underline{4{,}081.}}$$

Bei diesem zweiten Beispiel ergiebt sich also als Verhältnis der Abstände benachbarter Cylinder:

1436 zu 1645 zu 2000 zu 1645 zu 1436

oder:

718 zu 822 zu 1000 zu 822 zu 718.

Hier ergiebt sich, dass der kleinste Abstand über 71 Prozent des grössten beträgt. Dafür, dass die Abstandsverhältnisse für die Praxis viel günstiger sind als bei $\alpha = 23^0$, ist das Gewichtsverhältnis nur wenig ungünstiger,

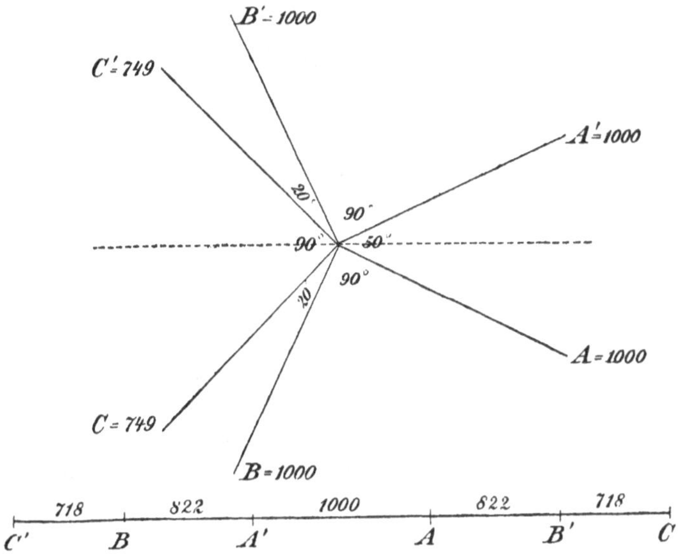

Fig. 23.

indem das Gewicht für jeden der beiden äusseren Cylinder 684 betragen muss, wenn das Gewicht für jeden der vier inneren 1000 beträgt.

Das Kurbeldiagramm und das Abstandsdiagramm zeigt Figur 23, in welcher aus Versehen

$$C = C' = 749$$

statt

$$C = C' = \underline{\underline{684}}$$

angegeben ist.

Sechster Abschnitt.

Die Verbreitung des Schlickschen Massen-Ausgleichs.

§ 24. Maasse der Maschinen des Dampfers „Deutschland".

Nachdem das Schlicksche Patent (D. R. P. Nr. 80974) am 10. November 1893 erteilt war, wurden in den nächstfolgenden Jahren die Maschinen vieler grosser Dampfer so gebaut, dass die primären Kraftgleichungen und Momentgleichungen erfüllt wurden, also gemäss dem Inhalt des zweiten Abschnitts, inbesondere des § 10. In den letzten fünf Jahren jedoch sind solche Maschinen so gebaut, dass ausserdem auch noch die sekundären vertikalen Gleichungen erfüllt werden, also gemäss dem Inhalt des vierten Abschnitts, insbesondere des § 18. Um die wirklichen Maasse (Abstände, Kurbelwinkel, Gewichte) einer solchen Maschine mit verbesserter Schlickscher Ausgleichung mit unsern Formeln vergleichen zu können, wählen wir den im Besitz der Hamburg-Amerika-Linie befindlichen Dampfer „Deutschland". Bei demselben haben die Abstände das Verhältnis:

3500 zu 5900 zu 3500.

Der Winkel zwischen den Kurbeln der beiden aussenstehenden Cylinder beträgt $63^{0}20'$ und der Winkel zwischen den Kurbeln der beiden innenstehenden Cylinder beträgt 107^{0}, so dass die Winkel, der Reihe nach, betragen:

$$63^{0}20', \quad 94^{0}50', \quad 107^{0}0', \quad 94^{0}50'.$$

Abstandsdiagramm und Kurbeldiagramm sehen also so aus, wie Figur 24 zeigt.

Jedes der Gewichte, die sich auf die beiden aussenstehenden Cylinder beziehen, beträgt 11750 Kilogramm, und jedes der Gewichte, die sich auf die beiden innenstehenden Cylinder beziehen, beträgt

16814 Kilogramm. Die letztgenannten Gewichtszahlen setzen sich so zusammen, wie die folgende Tabelle zeigt:

	Cylinder A	Cylinder C und C'	Cylinder A'
Kolben	3267 kg	8043 kg	3620 kg
Kolbenstange	2575 „	2863 „	2575 „
Kreuzkopf	3178 „	3178 „	2935 „
Anteil der Schubstange . . .	2730 „	2730 „	2620 „
Sa.	11750 kg	16814 kg	11750 kg

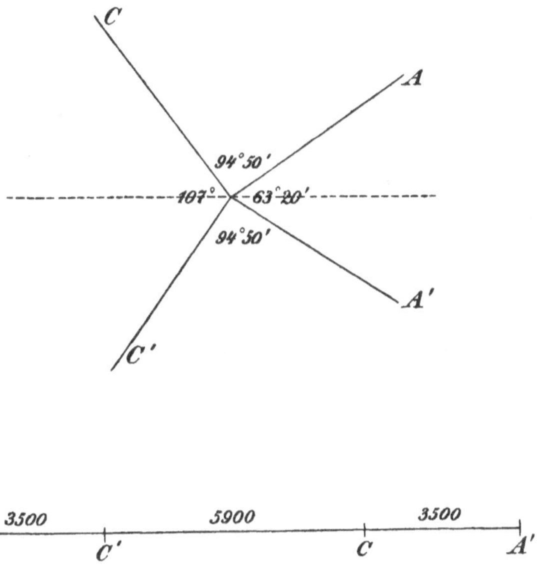

Fig. 24.

Wir kontrolieren nun, ob die Gewichtszahlen, die Abstandszahlen und die Kurbelwinkel des „Deutschland" mit den Formeln (183) und (184) in Einklang sind. Dies ist der Fall, da sowohl

$$\frac{A}{C} = 0{,}699 \quad \text{und} \quad \frac{\cos\frac{\gamma}{2}}{\cos\frac{\alpha}{2}} = 0{,}699,$$

als auch:

$$\frac{L}{l} = 2{,}19 \quad \text{und} \quad \frac{\operatorname{tg}\frac{\gamma}{2}}{\operatorname{tg}\frac{\alpha}{2}} = 2{,}19.$$

§ 25. Verzeichnis der bis September 1899 in Deutschland erbauten Dampfer mit Maschinen nach dem Schlickschen System.

Rhederei oder Erbauer	Namen der Dampfer oder Baunummer	Indizierte Pferdestärken
Kaiserlich Chinesische Marine	Torpedoboot No. 221 . .	1500
„	Torpedoboot No. 220 . .	1500
„	„Feiying“	5000
Hamb.-Südamerik.Dmpfsch.-G.	„Asuncion“	1800
„	„Tucuman“	1800
Norddeutscher Lloyd, Bremen	„Friedrich der Grosse“ . .	7000
„	„Königin Luise“	7000
Kaiserlich Deutsche Marine .	„Hertha“	10000
Norddeutscher Lloyd, Bremen	„Kaiser Wilhelm der Grosse“	27000
Hamb.-Südamerik.Dmpfsch.-G.	„Sao Paulo“	1800
Deutsche Dampfsch.-Rhederei	„Della“	2100
D. Dampfsch.-Ges. „Kosmos“	„Theben“	1725
Hamb.-Südamerik.Dmpfsch.-G.	„Pernambuco“	1800
Kaiserlich Deutsche Marine .	„Hansa“	10000
Kaiserlich Chinesische Marine	„Hai Yung“	7500
„	„Hai-Shew“	7500
„	„Hai-Shen“	7500
Hamb.-Südamerik.Dmpfsch.-G.	„San Nicolas“	2000
„	„Petropolis“	1800
„	„Belgrano“	1800
Kaiserlich Deutsche Marine .	„Victorie Louise“ . . .	10000
Hamburg-Amerika-Linie . .	„Assyria“	2500
Kaiserlich Japanische Marine	„Yakumo“	15500
Hamb.-Südamerik.Dmpfsch.-G.	„Bahia“	2100
Norddeutscher Lloyd, Bremen	„Kaiserin Maria Theresia“ .	16000
Hamburg-Amerika-Linie . .	„Sardinia“	1650
„	„Syria“	1650
„	„Patricia“	5000
„	„Pretoria“	5000
„	„Bulgaria“	3800
Norddeutscher Lloyd, Bremen	„König Albert“	9000
Hamburg-Amerika-Linie . .	„Hamburg“	9000
	Transport	189325

Rhederei oder Erbauer	Namen der Dampfer oder Baunummer	Indizierte Pferdestärken
	Transport	189325
Hamburg-Amerika-Linie . .	„Deutschland"	33000
Norddeutscher Lloyd, Bremen	„Prinzess Irene"	9000
Hamburg-Amerika-Linie . .	„Kiautschou"	9000
Kette, Deutsche Elbsch.-Ges., Dresden	„Zeuner"	180
Deutsche Dampfsch.-Gesellsch. „Hansa", Bremen . . .	„Bärenfels"	2400
Kaiserlich Russische Marine .	„Bogatyr"	19500
Hamburg-Amerika-Linie . .	„Graf Waldersee"	5000
„	„Batavia"	3600
„	„Belgravia"	3600
Hamb.-Südamerik. Dmpfsch.-G.	„Tijuca"	2000
Norddeutscher Lloyd, Bremen	„Rhein"	5500
„	„Main"	5500
Hamb.-Südamerik. Dmpfsch.-G.	„Santos"	2200
Hamburg-Amerika-Linie . .	„Athesia"	2600
Hamb.-Südamerik. Dmpfsch.-G.	„Cap Frio"	2900
„	„Cap Roca"	2900
„	„Cap Verde"	2800
Norddeutscher Lloyd, Bremen	„Kaiser Wilhelm II." . .	30000
	Im Ganzen	331005

indizierte Pferdestärken.

§ 26. Verzeichnis der bis September 1899 in England erbauten Dampfer mit Maschinen nach dem Schlickschen System.

Rhederei oder Erbauer	Namen der Dampfer oder Baunummer	Indizierte Pferdestärken
Königlich Englische Marine	Kreuzer 3. Kl. „Pioneer" .	7000
„	Kreuzer 1. Kl. „Cressy" .	21000
„	„ „Aboukir" .	21000
„	„ „Hogue" .	21000
„	„ „Euryalus" .	21000
„	„ „Bedford" .	22000
„	„ „Kent" . .	22000
	Transport	135000

Rhederei oder Erbauer	Namen der Dampfer oder Baunummer	Indizierte Pferdestärken
	Transport	135000
Königlich Englische Marine .	Kreuzer 1. Kl. „King Alfred“	30000
„	„ „Drake“ . .	30000
„	„ „Good Hope“	30000
„	Schlachtschiff „Duncan“ .	18000
„	„ „Cornwallis“ .	18000
„	H. M. S. „Falcon“	6250
„	H. M. S. „Ostrich“ . . .	6250
„	Königliche Yacht . . .	11000
Italienische Marine	H. M. „Benedetta Brin“ .	19000
„	H. M. „Regine Margherita“	19000
„	Torpedoboot-Jäger . . .	4800
Japanische Marine	Torpedoboot-Jäg.„Kadsuchi“	7000
„	„ „Madsuma“	7000
„	„ „Akebono“	7000
„	„ „Sazanami“	7000
„	„ „Oboro“ .	7000
„	„ „Niji“ . .	7000
White Star Line	„Oceanic“	28000
„	„Cymric“	7500
„	„Afric“	5000
„	„Medic“	5000
„	„Persic“	5000
Sir Donald Currie & Co. . .	„Kinfauns Castle“	11000
„	„Kildonan Castle“ . . .	11000
„	„Carisbrook Castle“ . . .	9000
„	„Braemar Castle“	6000
Cunard Line	„Ivernia“	10000
„	„Clydebank's No. 339 . .	10000
London & North Western Railway Co.	„Cambria“	7000
„	„Hibernia“	7000
„	„Anglia“	7000
L. & Y. London & North Western Railway Co.	„Duke of Cornwall“ . . .	6000
Carron & Co.	„Avon“	5500
Union Steamship Co. . . .	„Saxon“	11800
	Transport	521100

Rhederei oder Erbauer	Namen der Dampfer oder Baunummer	Indizierte Pferdestärken
	Transport	521100
Mr. Pierpont Morgan U. S. A.	„Yacht Corsair"	4000
Deutsche Dampfsch.-Gesellsch. „Hansa", Bremen . . .	„Drachenfels"	2900
„	„Ehrenfels"	2400
„	„Goldenfels"	1550
„	„Hohenfels"	2400
„	„Minneburg"	1480
„	„Neidenfels"	2400
„	„Schwarzenfels"	2300
„	„Sonnenburg"	1480
„	„Tannenfels"	2400
„	„Weissenfels"	2300
„	Wigham Richardson & Co.s No. 365	2400
Deutsche Dampfsch.-Gesellsch. „Kosmos", Hamburg .	„Amasis"	1800
„	„Ammon"	1800
„	„Hathor"	1550
„	„Luxor"	1550
„	„Sakkarah"	1900
Hamburg-Amerika-Linie, Hamburg	„Adria"	2200
„	„Andalusia"	2200
„	„Arabia"	2400
„	„Arcadia"	2400
„	„Armenia"	2200
„	„Pennsylvania"	5000
Norddeutscher Lloyd, Bremen	„Hannover"	3200
Rickmers & Co., Bremen . .	„Elisabeth Rickmers" . .	2400
Chinesische Küstenfahrt-Ges., Hamburg	„Loongmoon"	1400
Österreichischer Lloyd, Triest	„Silesia"	2300
„	„China"	2400
Ungaro-Croata S. N. Co. . .	„Pannonia"	1500
Cie de Nav. Mixte Marseille .	„Medjerda"	3400
S. M. Nederland, Amsterdam .	in Vlissingen im Bau . .	3600
	Transport	594310

Rhederei oder Erbauer	Namen der Dampfer oder Baunummer	Indizierte Pferdestärken
	Transport	594310
Birkenhead Corporation . .	Fähre „Lancashire“ . . .	1200
„	„ „Claughton“ . . .	1200
City of Cork S. P. Co. . . .	„Innisfallen“	3500
W. Luud	„Narrung“	3050
N. Mount Lyell Copper Co. .	„North Lyell“	2500
Union S. S. Co. of New Zealand	„Moura“	2500
Harland & Wolff, Belfast . .	„Minneapolis“	9800
„	„New England“	7800
„	„Brasilia“	4200
„	„Michigan“	4200
„	im Bau	11800
„	„	9800
„	„	7800
„	„	5000
„	„	5000
„	„	3750
Orient Line	„Omrah“	8500
Deutsch-Austral. Dampfsch.-Gesellsch., Hamburg .	Wigham Richardson & Co.s No. 366	2400
Denny & Co.	„Galtee More“	1200
„	„Arundel“	3600
	Im Ganzen	693110

indizierte Pferdestärken.

Seit dem Schluss dieser und der in § 25 mitgeteilten Liste sind wieder eine grosse Anzahl von Maschinen nach dem Schlickschen System gebaut.

FSC
www.fsc.org
MIX
Papier | Fördert
gute Waldnutzung
FSC® C083411

Zeitfracht Medien GmbH
Ferdinand-Jühlke-Straße 7
99095 Erfurt, Deutschland
produktsicherheit@kolibri360.de